DURCH STARTEN

MATHEMATIK TESTBUCH

FÜR DIE 5. SCHULSTUFE
1. KLASSE GYMNASIUM/HS/I

Verfasst von Mone Crillovich-Cocoç

Diesem Buch ist ein Lösungsheft zu den Übungen beigelegt.

Entspricht der Rechtschreibreform 2006.

Bibliografische Information der Deutschen Bibliothek
Die Deutsche Bibliothek verzeichnet diese Publikation in der Deutschen Nationalbibliografie; detaillierte bibliografische Daten sind im Internet über http://dnb.ddb.de abrufbar.

Lektorat: Klaus Kopinitsch
Covergestaltung: Gottfried Moritz
Illustrationen: Helmut »Dino« Breneis
Satz: Dieter Vormayr
Herstellung: Julia Bamberger
Gedruckt in Österreich auf umweltfreundlich hergestelltem Papier

1. Auflage 2011
ISBN: 978-3-7058-8846-3

INHALTSVERZEICHNIS

INHALTSVERZEICHNIS

SCHULARBEITEN

VORWORT

„Durchstarten Mathematik Testbuch – 1. Klasse" richtet sich an alle Schülerinnen und Schüler, die sich in Bezug auf den Lehrstoff der 1. Klasse (5. Schulstufe) selbst testen wollen.
Das Buch teilt sich in drei Kapitel: **Lernzielkontrollen**, **Schularbeiten** und **Bildungsstandards**.

Jedes laut Lehrplan wesentliche Kapitel ist in einer oder mehreren **Lernzielkontrollen – Tests** verpackt. Arbeitet man die entsprechenden Lernzielkontrollen – Tests durch, so erhält man durch das angegebene Punktesystem eine Rückmeldung (eine Kontrolle) über den aktuellen Wissensstand zu diesem Kapitel (dem Lernziel).

Um sein Wissen zu kontrollieren bzw. auch ein zeitliches Gefühl zu bekommen, gibt es **Probeschularbeiten**.
Jeder, der die Prüfungssituation realistisch simulieren möchte, kann sich mit einer Themenstellung 50 Minuten lang „in Klausur" begeben und im Anschluss daran eine Einschätzung seiner persönlichen Leistungen vornehmen. Die Schularbeiten umfassen mehrere Stoffgebiete, die jeweils zu Beginn angegeben sind.

Der dritte Teil des Buches gibt – auf Niveau der 1. Klasse (5. Schulstufe) – einen kleinen Einblick in die Art und Weise, wie die **Bildungsstandards** am Ende der 4. Klasse (8. Schulstufe) in ganz Österreich abgeprüft werden.

Ich hoffe, dass das vorliegende Buch jeder Schülerin und jedem Schüler eine effiziente Hilfe bei der Vorbereitung auf **Schularbeiten** oder **(Wiederholungs-)Prüfungen** sein kann und das zuweilen auftretende mulmige Gefühl bei dem Gedanken daran etwas verfliegen lässt.

Allen Benutzerinnen und Benutzern viel Spaß beim Eintauchen in die faszinierende Welt der Mathematik, Freude an der intensiven Auseinandersetzung mit mathematischen Problemen und nicht zuletzt ein erfolgreiches Abschneiden in diesem Schuljahr!

Mone Crillovich-Cocoglia

Notenschlüssel:

	Lernzielkontrolle – Test	Schularbeit
Sehr gut	24–23	48–44
Gut	22–20	43–38
Befriedigend	19–16	37–31
Genügend	15–12	30–24
Nicht genügend	11–0	23–0

LZK – TEST 1
Dekadisches Zahlensystem

Testdauer: 20 min

1. Schreibe mit Hilfe der dekadischen Einheiten an! / 9

a) 4 703 = ______

b) 489 700 = ______

c) 30 000 005 = ______

d) 8 450 857 100 = ______

e) 5 700 239 = ______

f) 15 000 400 = ______

g) 2 800 000 = ______

h) 66 003 = ______

i) 17 000 000 = ______

2. Schreibe die Zahl ohne dekadische Einheiten an! / 2

a) 2T 4Z 6E = ______ **b)** 5ZT 7H 9Z 1E = ______

3. Für den Kauf eines Kleinwagens sind 4 000 € Anzahlung zu leisten. / 1

Wie viele „100-Euro-Scheine" sind das? ______

4. Gib die Zahl der geforderten dekadischen Einheit an! / 4

a) 24Z = ______ E **b)** 81T = ______ H

c) 73H = ______ E **d)** 52ZT = ______ H

5. Gib die Zahl der angegebenen dekadischen Einheit an! / 4

a) 3HT 7ZT = ______ ZT = ______ H

b) 1ZT 5T 2H = ______ H = ______ Z

c) 9T 7H = ______ H = ______ E

d) 4HT 3T = ______ T = ______ Z

6. Schreibe die Zahl nur mit Ziffern an! / 4

a) 1B 5HMd 3HM 2ZM 1HT 4ZT = ______

b) 3ZM 2M 8HT 2ZT 9T = ______

c) 7Md 8ZM 1M 7HT 3T = ______

d) 5ZMd 2HM 3ZT 4H = ______

/ 24

Testdauer: 20 min

LZK – TEST 2
Römische Zahlzeichen

/ 6

1. Schreibe in römischen Zahlzeichen bzw. in arabischen Ziffern an!

a) 1 193 = ________________

b) 2 648 = ________________

c) 065 = ________________

d) MCCXC = ________________

e) MCMXLI = ________________

f) CCLXIX = ________________

2. Lies die römischen Zahlzeichen! Schreib die Zahlen in dem dir vertrauten Zahlensystem an!

/ 1

a) Im Jahr ________ (MDCCCIV) wurde Napoleon zum Kaiser gekrönt.

/ 1

b) Die Hauptstadt von Österreich ist Wien. Wien ist in ________ (XXIII) Gemeindebezirke unterteilt.

/ 3

c) Am 1. Jänner ________ (MCMXXII) wurde Wien von Niederösterreich getrennt und bildet seither, ausgenommen die Zeit von ________ (MCMXXXIV) – ________ (MCMXLV), ein eigenes Bundesland.

/ 3

d) Ab ________ (MDCCCXXI) inszenierte Ferdinand Raimund im Leopoldstädter Theater als Regisseur und in den Jahren ________ (MDCCCXXVIII) bis ________ (MDCCCXXX) leitete er das Theater als Direktor.

/ 4

e) Seit den ________ (MCML)er-Jahren kam es zum sogenannten Wettlauf ins All. Der erste von Menschen konstruierte Raumflugkörper auf dem Mond schlug im September ________ (MCMLIX) auf. Im Februar ________ (MCMLXVI) landete Luna 9 als erster Flugkörper weich auf dem Mond. Die ersten Menschen betraten ________ (MCMLXIX) den Mond.

/ 2

f) Die Otto-Wagner-Brücke über das Wiental verbindet den 12. und den 15. Bezirk. Sie ist ________ (CXII) Meter lang. Otto Wagners Gesamtkunstwerk, die Wiener Stadtbahn, feierte ________ (MCMXCVIII) den 100. Geburtstag.

/ 4

g) Der Attersee in Oberösterreich liegt ________ (CDLXIX) Meter über dem Meeresspiegel. Er ist mit einer Fläche von ________ (XLVII) km² das größte Binnengewässer Österreichs. Er ist ein fischreicher See und beliebtes Tauch- und Segelrevier bei einer maximalen Tiefe von ________ (CLXXI) Metern und einer mittleren Tiefe von ________ (LXXXV) Metern.

/ 24

LZK – TEST 3
Runden von Zahlen

Testdauer: 20 min

1. Runde die Zahl auf die angegebene Einheit! Berechne den Rundungsfehler (Rf.)!

/ 10

		gerundet	Rf.
a)	4 238 (T)		
b)	1 526 (H)		
c)	10 803 (Z)		
d)	3 827 (T)		
e)	125 867 (T)		

		gerundet	Rf.
f)	14 923 (H)		
g)	67 897 (ZT)		
h)	17 458 (T)		
i)	1 758 (H)		
j)	221 458 (T)		

2. Österreich und seine Bundesländer, ein Vergleich der Flächeninhalte.

/ 9

a) Runde die Flächeninhalte aller Bundesländer auf Hunderter!

Burgenland 3 962 km^2 ≈ ______________________

Kärnten 9 538 km^2 ≈ ______________________

Niederösterreich 19 186 km^2 ≈ ______________________

Oberösterreich 11 980 km^2 ≈ ______________________

Salzburg 7 156 km^2 ≈ ______________________

Steiermark 16 401 km^2 ≈ ______________________

Tirol 12 640 km^2 ≈ ______________________

Vorarlberg 2 601 km^2 ≈ ______________________

Wien 415 km^2 ≈ ______________________

b) Entnimm der gegebenen Liste jene Bundesländer, die größer als Kärnten sind. Gib an, um wie viel km^2 diese Bundesländer jeweils größer als Kärnten sind!

/ 4

c) Um wie viel km^2 ist Wien kleiner als Oberösterreich?

/ 1

/ 24

Testdauer: 20 min

LZK – TEST 4
Ordnung der natürlichen Zahlen

/ 2

1. Schreibe alle natürlichen Zahlen an, die größer als 898 und kleiner als 905 sind!

/ 2

2. Gib alle geraden natürlichen Zahlen zwischen 78 und 95 an!

/ 2

3. Ordne die Zahlen in der gegebenen Menge der Größe nach! Beginne mit der kleinsten Zahl!

{80, 5, 23, 81, 17, 78, 25} = {____________________}

/ 3

4. Schreibe mit Hilfe der Zeichen „<" bzw. „>"!

a) 5 ist kleiner als 8 ________________

b) 98 ist größer als 92 ________________

c) 25 ist kleiner als 27 und 27 ist kleiner als 29 ________________

/ 1

5. Gibt es eine natürliche Zahl, die keinen Vorgänger hat?

____

/ 2

6. Multipliziere die Zahl 89 mit ihrem Nachfolger!

7. Welche Zahlen sind jeweils auf dem Zahlenstrahl markiert?

/ 3

a)
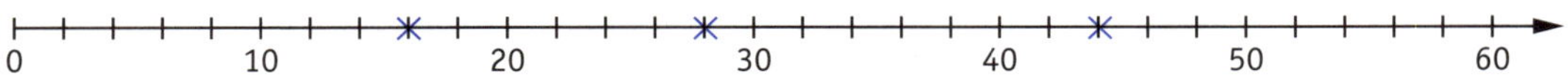

/ 3

b)

/ 3

c)

/ 3

d)
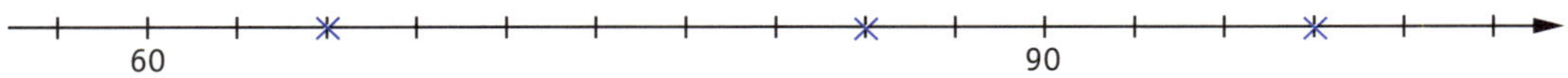

/ 24

LZK – TEST 5
Gleichungen

Testdauer: 20 min

1. Löse die Gleichungen!

a) $12 + x = 45$

b) $32 = y + 15$

c) $42 = z - 11$

/ 3

d) $234 - a = 105$

e) $8 \cdot b = 48$

f) $c = 121 : 11$

/ 3

g) $5 \cdot x - 48 = 232$

h) $34 + 3 \cdot y = 73$

i) $5 \cdot x + 3 \cdot x = 72$

/ 3

2. Schreib die passende Gleichung an!

a) Das Vierfache von y ist 32. ______________________

b) Das Neunfache von z ist 63. ______________________

c) Die Hälfte von b ist das Doppelte von 24. ______________________

/ 3

3. Schreibe die Textaufgabe in Form einer Gleichung an! Löse die Gleichung!

a) Um welche Zahl muss man 25 vermehren, um 58 zu erhalten?

b) Von welcher Zahl muss man 12 subtrahieren, um 10 zu erhalten?

c) Verminderst du 32 um y, so erhältst du 28.

/ 6

d) Mit welcher Zahl muss man 26 multiplizieren, um 442 zu erhalten?

e) Durch welche Zahl muss man 4 365 dividieren, um 45 zu erhalten?

f) Subtrahiert man vom 4-fachen einer natürlichen Zahl die Zahl 11, so erhält man 81.

/ 6

/ 24

LZK – TEST 6
Ungleichungen

Testdauer: 20 min

/ 3

1. Schreibe mit Hilfe der Zeichen $<$, $>$, $\leq$ und $\geq$ an!

a) Mindestens 3 Brote: ____________________

b) Höchstens 7 Karten: ____________________

c) Mehr als 5 Kinder, aber höchstens 20: ____________________

/ 8

2. Finde die Lösungsmenge! Grundmenge = Menge der natürlichen Zahlen

a) $4 < x < 10$ L = {____________________}

b) $12 \leq y < 15$ L = {____________________}

c) $a \geq 7$ L = {____________________}

d) $112 > b \geq 110$ L = {____________________}

e) $15 \leq t$ L = {____________________}

f) $4 \cdot f > 30$ L = {____________________}

g) $d - 2 \geq 5$ L = {____________________}

h) $h : 2 < 20$ L = {____________________}

/ 6

3. Welche natürlichen Zahlen erfüllen die erste/die zweite/beide Ungleichungen? Schreibe alle drei Lösungsmengen an!

a) $a > 27$; $a \leq 30$

L_1 = {____________________}

L_2 = {____________________}

$L_1 \cap L_2$ = {____________________}

b) $b < 17$; $b \geq 11$

L_1 = {____________________}

L_2 = {____________________}

$L_1 \cap L_2$ = {____________________}

/ 4

4. Der Platzhalter steht für natürliche Zahlen ($G = \mathbb{N}$). Bilde aus den zwei Ungleichungen eine Ungleichungskette! Gib die Lösungsmenge an!

a) $a \leq 14$; $a > 10$

Ungleichungskette: ____________________

L = {____________________}

b) $b \geq 15$; $b < 20$

Ungleichungskette: ____________________

L = {____________________}

/ 3

5. Schreibe den Text in Form einer Ungleichungskette und löse sie!
Welche natürlichen Zahlen sind größer oder gleich 21 und kleiner als 30?

/ 24

Mengen

Testdauer: 20 min

1. Gib die folgende Menge im aufzählenden Verfahren an und markiere ihre Elemente am Zahlenstrahl!

$M = \{x \in \mathbb{N}_g \mid x \leq 11\}$

M = ______________________________

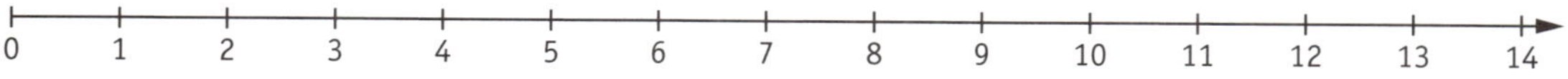

/ 4

2. Gib die Menge im beschreibenden Verfahren an!

$M = \{11, 13, 15, 17, 19, 21\}$

M = ______________________________

/ 2

3. Gib die Mengen A und B im aufzählenden Verfahren an! Bilde dann $A \cap B$ und $A \cup B$!

$A = \{x \in \mathbb{N} \mid 34 < x \leq 45\}$

$B = \{x \in \mathbb{N}_g \mid 34 \leq x < 47\}$

A = ______________________________ / 2

B = ______________________________ / 2

$A \cap B$ = ______________________________ / 2

$A \cup B$ = ______________________________ / 2

4. Folgende (durch ihre Katalognummern angeführten) Schülerinnen und Schüler einer Klasse spielen die angegebenen Musikinstrumente:

Klavier: $K = \{1, 5, 8, 9, 11, 16, 18, 19, 20, 22, 23, 25\}$

Gitarre: $G = \{2, 3, 8, 9, 13, 15, 16, 19, 25, 26\}$

Blockflöte: $B = \{2, 4, 5, 8, 10, 14, 15, 19, 20, 22, 25\}$

Bilde die Menge aller jener Schülerinnen und Schüler, die folgende Instrumente spielen!

/ 10

a) Klavier und Gitarre: $K \cap G = \{$______________________________

b) Blockflöte und Gitarre: ______________________________

c) Klavier oder Gitarre oder beides: ______________________________

____

d) Blockflöte, aber nicht Klavier: ______________________________

e) alle drei Instrumente: ______________________________

/ 24

LZK – TEST 8
Addieren natürlicher Zahlen

Testdauer: 20 min

1. Berechne die Summe! Rechne in der Zeile! / 4

45 + 458 + 73 + 54 = ______

19 437 + 73 194 + 2 483 + 2 400 = ______

2. Addiere die Zahl 3 654 zur Summe der Zahlen 3 886 und 68 964! / 6

3. Zeige mit den Zahlen a = 6 792, b = 1 943 und c = 892 die Richtigkeit des Verbindungsgesetzes der Addition! / 6

4. Von drei Zahlen ist die erste 1 572. Die zweite Zahl ist um 8 437 größer als die erste Zahl, die dritte Zahl ist um 249 größer als die zweite.

a) Wie lauten die drei Zahlen? / 3

b) Wie lautet die Summe der drei Zahlen? / 2

5. Wie ändert sich die Summe zweier Zahlen, wenn jeder Summand um „zwei" vergrößert wird? / 3

______

______

/ 24

LZK – TEST 9
Subtrahieren natürlicher Zahlen

Testdauer: 20 min

1. Subtrahiere in der Zeile!

96 585 – 1 687 = ______________ 430 015 – 420 = ______________

/ 4

2. Gib die korrekte Bezeichnung der einzelnen Teile bei der Subtraktion an!

545 – 215 = 330

______________ ______________ ______________

/ 3

3. Subtrahiere die kleinere von der größeren Zahl: 154 468; 24 995

/ 3

4. Subtrahiere die Zahl 488 von der Differenz der Zahlen 9 571 und 3 719!

/ 4

5. Subtrahiere die Differenz der Zahlen 384 und 248 von der Differenz der Zahlen 3 418 und 2 194!

/ 5

6. 235 464 – 94 567 – 1 547 – 534 – 184 =

/ 5

/ 24

LZK – TEST 10
Addieren und Subtrahieren natürlicher Zahlen

Testdauer: 20 min

/ 5

1. Addiere die Differenz der Zahlen 3 286 und 2 468 zur Differenz der Zahlen 833 und 234!

/ 5

2. Subtrahiere von der Summe der Zahlen 3 794 und 6 845 die Summe der Zahlen 976 und 5 371!

/ 4

3. Welche Zahl muss man von 5 683 subtrahieren, um 4 982 zu erhalten?

5 683 − x = 4 982
= x

/ 4

4. Zu welcher Zahl muss man 568 addieren, um 11 985 zu erhalten?

x + 568 = 11 985

5. Berechne!

/ 2

a) 842 671 − (3 518 + 6 845) =

/ 4

b) 213 − 185 + (492 − 140) + 325 − 192 =

28 + 352 + 325 − 192

/ 24

LZK – TEST 11
Multiplizieren natürlicher Zahlen

Testdauer: 20 min

1. a) Zeige für die natürlichen Zahlen a = 65 und b = 47 die Richtigkeit des Vertauschungsgesetzes der Multiplikation!

/ 5

b) Zeige für die natürlichen Zahlen a = 64, b = 36 und c = 24 die Richtigkeit des Verbindungsgesetzes der Multiplikation!

/ 8

2. Ein Süßwarengeschäft verkauft Zuckerl in Großpackungen um 17 €.

a) Wie teuer sind 75 solcher Großpackungen?

/ 2

b) Ab 100 Großpackungen bekommt man einen Rabatt von 1 € pro Packung. Wie viel kosten 200 Großpackungen und wie viel Euro spart man?

/ 3

3. Lauras Mutter verkauft Lauras alte Kleidung am Flohmarkt! Sie verkauft 9 T-Shirts, 7 Pullover und 5 Hosen. Ein T-Shirt verkauft sie für 5 €, einen Pullover für 7 € und eine Hose für 13 €. Wie viel € nimmt Lauras Mutter beim Flohmarkt ein?

/ 6

/ 24

Testdauer: 20 min

LZK – TEST 12
Dividieren natürlicher Zahlen

/ 8

1. Division ohne Rest:

1 4 2 7 8 9 5 : 3 1 5 = ______

2 2 5 8 3 3 0 : 2 6 5 = ______

/ 8

2. Division mit Rest:

1 4 7 2 1 4 7 : 4 5 9 = ______

2 3 2 9 4 5 0 : 4 8 5 = ______

/ 3

3. Christoph möchte sich gerne einen Fotoapparat um 270 € kaufen. Wie viele Monate muss er sparen, wenn er monatlich 15 € auf ein Sparbuch legt?

/ 2

4. Das Hochzeitsgeschenk für Tante Barbara kostet 843 €. Oma, Opa und Papa beschließen, sich die Kosten zu teilen. Wie viel muss jeder zahlen?

/ 3

5. Der Quotient der Zahlen 6 480 und 45 ist um den Quotienten der Zahlen 29 376 und 36 zu vermehren!

/ 24

Verbindung der vier Grundrechnungsarten in ℕ

Testdauer: 20 min

1. Multipliziere die Zahl 8 568 zuerst mit 3, das Ergebnis mit 5 und das neue Ergebnis mit 6! Teile anschließend nacheinander durch 10, 9 und 2!

/ 6

2. Berechne:

a) (68 : 2 + 6 190) – (54 · 98 – 256) =

/ 6

b) 153 + 1 392 : (25 · 14 – 7 852 : 26) =

/ 6

3. Schreibe die Rechnung unter Verwendung von Klammern an! Führe die Rechnung aus!
Der um 349 vermehrte Quotient der Zahlen 7 141 und 37 ist mit der Differenz der Zahlen 3 363 und 3 184 zu multiplizieren!

/ 6

/ 24

Testdauer: 20 min

LZK – TEST 14
Unser Geld

/ 2

1. Schreibe mehrnamig an!

a) 25,89 € = ____________________

b) 20,05 € = ____________________

/ 4

2. Gib in c an!

a) 645,60 € = ____________________

b) 103,01 € = ____________________

c) 34 € = ____________________

d) 80 € = ____________________

/ 4

3. Gib in € an!

a) 656 c = ____________________

b) 48 c = ____________________

c) 1 123 c = ____________________

d) 9 c = ____________________

/ 10

4. Schreibe die Geldbeträge als Dezimalzahl an!

a) Drei Ganze vier Zehntel Euro

____

b) Zwei-Komma-Vierundneunzig Euro

____

c) Vierunddreißig Ganze zwei Zehntel Euro

____

d) 10 c weniger als 0,4 €

____

e) Null-Komma-Vierzehn Euro

____

f) Neun-Komma-Null-Drei Euro

____

g) Neunzehn Ganze zwei Hundertstel Euro

____

h) 1 c weniger als 0,89 €

____

i) Dreihundertzwei Hundertstel Euro

____

j) 1 c mehr als 1,58 €

____

/ 4

5. Wie viel fehlt noch auf 50 €?

a) 25,19 € ____________________

b) 8,03 € ____________________

c) 284 c ____________________

d) 1 567 c ____________________

/ 24

LZK – TEST 15
Längenmaße

Testdauer: 20 min

1. Wandle in das angegebene Längenmaß um! / 5

a) 7 km = ____ m

b) 45 m = ____ dm

c) 79 m = ____ km

d) 16 m 7 dm = ____ dm

e) 31 km 38 m = ____ m

f) 8 km 2 m = ____ m

g) 43 km 48 m 9 dm = ____ km

h) 8 dm 9 mm = ____ m

i) 25 cm 1 mm = ____ dm

j) 240 cm = ____ dm

2. Schreibe mehrnamig! / 8

a) 1,503 m = ____

b) 5,31 dm = ____

c) 3,4 cm = ____

d) 5,06 m = ____

e) 46,02507 km = ____

f) 3 400,708 m = ____

g) 258 300 mm = ____

h) 20 040 dm = ____

3. Setze die richtige Einheit ein! / 10

a) 25,3 dm = 2,53 ___ = 2 530 ___

b) 0,3094 km = 309,4 ___ = 30 9400 ___

c) 8 125 000 mm = 8 125 ___ = 8,125 ___

d) 50 cm = 0,0005 ___ = 5 ___

e) 5,09 km = 5 090 ___ = 5 090 000 ___

f) 8,901 m = 890,1 ___ = 0,008901 ___

g) 36 010 cm = 360,1 ___ = 0,3601 ___

h) 8 450 dm = 0,845 ___ = 84 500 ___

i) 0,000305 km = 3,05 ___ = 0,305 ___

j) 0,01 dm = 1 ___ = 0,001 ___

4. Die 14 Etappen der Rallye Dakar erstrecken sich über 5 656 Wertungskilometer. Wie lang ist eine Etappe im Durchschnitt? Gib das Ergebnis in Metern an! / 1

/ 24

Testdauer: 20 min

LZK – TEST 16
Massenmaße

/ 14

1. Schreibe mehrnamig an!

a) 42,618 t = ____________________

b) 2,03 g = ____________________

c) 0,085 t = ____________________

d) 9,407 g = ____________________

e) 1,003 t = ____________________

f) 870 mg = ____________________

g) 16,90 kg = ____________________

h) 0,2 g = ____________________

i) 5,702 g = ____________________

j) 1,39 t = ____________________

k) 1,75 dg = ____________________

l) 34,9 t = ____________________

m) 24 cg = ____________________

n) 25 g = ____________________

/ 4

2. Gib in kg an!

a) 1,059 dag = ____________________ kg

b) 65 cg = ____________________ kg

c) 123 dg = ____________________ kg

d) 678 g = ____________________ kg

/ 6

3. Gib in der angegebenen Einheit an!

a) 2 kg 9 dag 5 g = ____________________ kg

b) 21 dag 5 dg = ____________________ g

c) 25 g 4 cg 2 mg = ____________________ dag

d) 2 t 50 kg 3 g = ____________________ t

e) 4 kg 280 g = ____________________ dg

f) 5 t 4 kg 3 dag 2 g 1 dg = ____________________ cg

/ 24

Erweiterung des dekadischen Zahlensystems

Testdauer: 20 min

1. Schreibe mit dekadischen und dezimalen Einheiten an!

a) 0,205 = 0E 2z 5t

b) 500,004 = 5H 4t

c) 15,08 = 1Z 5E 8h

d) 2,05067 = 2E 5h 6zt 7ht

e) 0,0483 = 0E 4h 8t 3zt

f) 6 400,03 = 6T 4H 3h

g) 846,7 = 8H 4Z 6E 7z

h) 1,134678 = 1E 1z 3h 4t 6zt 7ht 8m

i) 0,7061 = 0E 7z 6t 1zt

j) 7 001,947 = 7T 1E 9z 4h 7t

/ 10

2. Schreibe als Dezimalzahl an!

a) 4E 2z 4h 5t 7zt 9ht 8m = 4,245798

b) 1T 2E 8z 9h 6t = 1002,896

c) 7T 5H 4h = 7500,04

d) 2Z 6E 9h = 26,09

e) 1z 6t = 0,106

f) 3E 6h 7zt 5ht = 3,06075

g) 4h 2t 4zt = 0,0424

h) 6H 8Z 2E 4z = 682,4

i) 8h 6t 6zt = 0,0866

j) 1H 8t = 100,008

/ 10

3. Schreibe in der gegebenen Einheit an!

a) 4z 8h = 48 t

b) 5z = 5 000 zt

c) 3H 7E = 3700 h

d) 0,00218 = 218 m

/ 4

/ 24

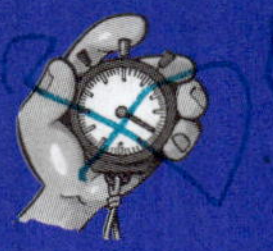

LZK – TEST 18
Ordnung der Dezimalzahlen

Testdauer: 20 min

/ 3

1. Ordne der Größe nach! Beginne mit der kleinsten Zahl!

0,55 € 50,50 € 5,50 € 5,00 € 0,50 € 0,05 €

0,05 € < 0,50 € < 0,55 € < 5,00 € < 5,50 € < 50,50 €

/ 9

2. Finde die Nachbarn der gegebenen Dezimalzahl und ordne die Zahlen mit Hilfe des Zeichens „<“! Achte dabei auf die Anzahl der Dezimalstellen!

a) 0,028 0,027 < 0,028 < 0,029

b) 0,02 0,01 < 0,02 < 0,03

c) 0,056 0,055 < 0,056 < 0,057

d) 1,23 1,22 < 1,23 < 1,24

e) 0,100 0,099 < 0,100 < 0,110

f) 0,010 0,009 < 0,010 < 0,011

g) 2,199 2,198 < 2,199 < 2,200

h) 1,99 1,98 < 1,99 < 2,00

i) 0,90 0,89 < 0,90 < 0,91

j) 5,648 5,647 < 5,648 < 5,649

/ 3

/ 3

3. Schreibe jene Dezimalzahlen an, die auf dem Zahlenstrahl durch Kreuze gekennzeichnet sind!

a) 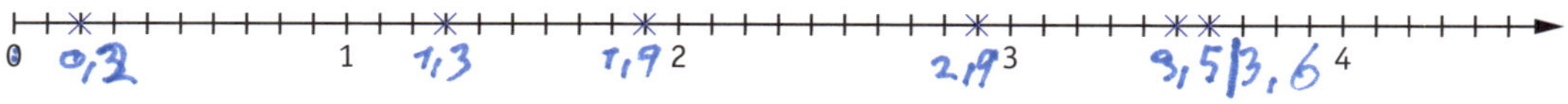

b) 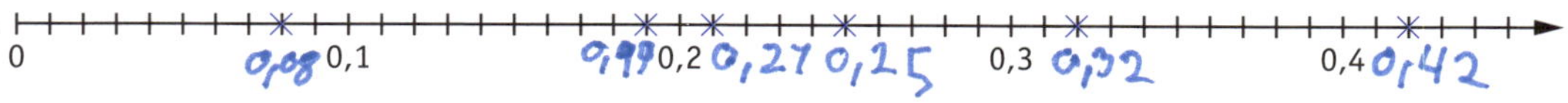

/ 6

4. Setze eines der Zeichen „<“ bzw. „>“ so ein, dass eine wahre Aussage entsteht!

a) 4,3 > 4,29

b) 5,17 < 5,171

c) 2,75 > 2,5

d) 6,606 < 6,066

e) 0,04 > 0,3

f) 3,19 > 3,189

/ 24

Runden von Dezimalzahlen

Testdauer: 20 min

1. Runde auf die in den Klammern angegebenen Stellen!

a) 2,549 ≈ 2,500 (z)
b) 0,099 ≈ 0,100 (h)
c) 64,58 ≈ 60,00 (Z)
d) 834,76 ≈ 835,00 (E)
e) 39,4086 ≈ 39,4100 (h)
f) 0,0028 ≈ 0,0030 (t)

/ 6

2. Runde auf cm!

a) 2,8 cm ≈ 3cm
b) 7,98 dm ≈ 80cm
c) 1,359 m ≈ 140cm
d) 942 mm ≈ 9cm
e) 6,479 m ≈ 650cm

/ 5

3. Runde auf m!

a) 6,7957 km ≈ 6800m
b) 0,2483 km ≈ 200m
c) 74 dm ≈ 7m
d) 88 dm ≈ 9m
e) 618 cm ≈ 6m

/ 5

4. Runde auf €!

a) 64,99 € ≈ 65€
b) 213,45 € ≈ 213€
c) 0,40 € ≈ 0€

/ 3

5. Runde auf cg!

a) 2,549 g ≈ ____
b) 0,7646 dag ≈ ____
c) 9,14 dg ≈ ____
d) 4 625 mg ≈ ____
e) 6,1 mg ≈ ____

/ 5

/ 24

LZK – TEST 20
Addieren und Subtrahieren von Dezimalzahlen

Testdauer: 20 min

/ 2

1. Rechne in der Zeile!

648,015 + 153,867 + 5,45 + 0,54 + 8 970,03 + 0,002 = ____________________

/ 3

2. Auf eine Brücke mit einer Tragfähigkeit von 100 t rollen vier Fahrzeuge zu. Ein LKW mit einem Gesamtgewicht von 42 t, ein Sattelschlepper mit einem Gewicht von 45,3 t und 780 kg Zuladung, ein Traktor mit dem Gewicht von 3 450 kg, der einen Anhänger von 2,4 t zieht mit einer Zuladung von 2 700 kg, sowie ein PKW im Gesamtgewicht von 1 380 kg. Hält die Brücke?

/ 4

3. Fleischer Ploberger macht weit und breit den besten Leberkäse. Heute hat er 7 kg für den Verkauf hergestellt. Wie viel g Leberkäse verbleiben ihm, wenn seine Verkäuferinnen nacheinander 580 g, 365 g, 750 g, 0,2 kg, 125 000 mg, 1,2 kg, 440 g, 0,0005 t und 2,75 kg verkauft haben?

4. Drücke vor dem Rechnen alle Angaben in der größten vorkommenden Einheit aus! Führe dann die Rechnungen in der Zeile durch und schreibe die Ergebnisse mehrnamig an!

/ 3

a) 4 km 456 m + 836 m + 76 m + 3 956 m =

/ 4

b) 4 dm 56 mm + 4 m 4 dm 2 cm – 9 cm 4 mm – 87 mm =

/ 5

c) 76 kg 34 dag + 675 dag + 87 g – 835 g =

/ 3

d) 99 g + 4 dg 3 cg + 0 cg 4 mg + 86 g 4 cg 7 mg =

/ 24

Multiplizieren und Dividieren von Dezimalzahlen

Testdauer: 20 min

1. Ein Bauer hat sich auf die Viehzucht spezialisiert. Für die Beförderung seiner Kühe hat er sich einen Transporter gekauft, der 43 t zuladen darf. Wie viele Kühe zu je 980 kg können auf den Transporter verladen werden?

/ 3

2. Ein Kartoffelhändler kauft bei einem Bauern 5,4 t Kartoffeln, verpackt in 1,5 kg-Säcke und verkauft sie an seine Kunden. Wie viele Kartoffelsäcke verkauft er?

/ 3

3. Der Preis für einen Liter Normalbenzin beträgt bei einer Diskonttankstelle 1,149 €. Wie viel kostet eine Tankfüllung mit 52 Litern? Runde das Ergebnis auf Cent!

/ 4

4. Rechne, bis sich der Rest 0 ergibt! Führe anschließend die Probe durch!

9 043,727 : 385 =

/ 8

5. Eine Bäckerei verwendet zur Erzeugung von einem 1kg-Laib Brot 357 g Mehl. Wie viele Brotlaibe können aus 5,5 t Mehl erzeugt werden?

/ 6

/ 24

LZK – TEST 22
Verbindung der vier Grundrechnungsarten in ℝ

Testdauer: 20 min

/ 4

1. Fasse beim Berechnen die Summanden bzw. Subtrahenden geschickt zusammen!

94,248 – 34,549 + 9,5 – 67,81 =

/ 5

2. Beachte die Klammerregel!

(5,154 – 0,84) – (8,4 – 2,945) + (18,09 – 5,109) =

3. Runde das Ergebnis auf 2 Dezimalstellen!

/ 5

a) 5,166 + 0,288 : (0,58 – 0,02 · 0,2) =

/ 5

b) 6,764 – 0,75 · (3,62 + 0,094 : 0,02) =

/ 5

c) 1 756,21 · 0,06 : 0,3 – 27 051 · 0,005 =

/ 24

Statistik – Mittelwert und graphische Darstellungen

Testdauer: 20 min

1. Die SchülerInnenzahlen in den ersten Klassen einer Schule lauten:

1A: 22 SchülerInnen 1B: 25 SchülerInnen 1C: 21 SchülerInnen
1D: 23 SchülerInnen 1E: 24 SchülerInnen

Berechne die durchschnittliche SchülerInnenzahl pro Klasse!

/ 3

2. Bei einer Mathematikschularbeit gibt es folgendes Ergebnis:

Note	Sehr gut	Gut	Befriedigend	Genügend	Nicht genügend
Anzahl	5	6	8	4	2

Es fehlte niemand. Wie viele SchülerInnen sind in dieser Klasse und wie war der Notendurchschnitt?

/ 3

3. Einwohnerzahlen in Österreichs Bundesländern
(Stand: 1. 1. 2009)

a) Runde die angegebenen Einwohnerzahlen auf Zehntausender!

/ 9

b) Stelle die Einwohnerzahlen durch 1 cm breite Rechtecke dar! Für die Rechteckshöhen wähle je 200 000 Einwohner 1 cm!

/ 5

c) Wie viele Einwohner hat ein Bundesland im Durchschnitt? Kennzeichne den Mittelwert durch eine farbige Linie!

/ 4

Bundesland	Einwohner		gerundet
Burgenland	283 118	≈	
Kärnten	560 605	≈	
Niederösterreich	1 605 122	≈	
Oberösterreich	1 410 403	≈	
Salzburg	529 217	≈	
Steiermark	1 207 479	≈	
Tirol	704 472	≈	
Vorarlberg	367 573	≈	
Wien	1 687 271	≈	

/ 24

LZK – TEST 24
Zeitmaße

Testdauer: 20 min

/ 4

1. Gib in Sekunden an!

a) 5 min = ______ **b)** 1,5 h = ______

c) 2 d = ______ **d)** 35 min = ______

/ 4

2. Gib in Minuten an!

a) 1 740 s = ______ **b)** 3 h = ______

c) 3 d = ______ **d)** 420 s = ______

/ 4

3. Gib in der gegebenen Einheit an!

a) 4 h 20 min = ______ min **b)** 3 d 15 h = ______ h

c) 648 h = ______ d **d)** 34 min 15 s = ______ s

/ 4

4. Schreibe mehrnamig!

a) 680 min = ______ **b)** 4 120 s = ______

c) 25 d = ______ **d)** 260 h = ______

/ 1

5. Wie viele Minuten hat ein Tag?

/ 4

6. Wie viele Minuten fehlen bis zur nächsten vollen Stunde?

a) 13:48 Uhr ______ **b)** 17:19 Uhr ______

c) 03:37 Uhr ______ **d)** 10:12 Uhr ______

/ 3

7. Bei den Olympischen Sommerspielen 2008 hatte der Deutsche Jan Frodeno beim Triathlon eine Bestzeit von 6 533,28 Sekunden. Wie viele Stunden, Minuten und Sekunden war er unterwegs?

/ 24

Zeitdauer, Zeitpunkt

Testdauer: 20 min

1. Ein Zug fährt um 16:45 Uhr in Wels ab und kommt um 20:06 Uhr in Innsbruck an! Berechne die Fahrzeit des Zuges! / 3

2. Robert fliegt auf Urlaub! Die geplante Abflugszeit ist 15:35 Uhr. Wann kommt er bei einer Flugzeit von 2h 47min im Urlaubsland an? / 3

3. Tante Uschi kommt Richard besuchen. Er soll sie um 10:14 Uhr am Bahnhof abholen. Die Zugfahrt dauert 3h 27min. Wann ist Tante Uschi mit dem Zug weggefahren? / 3

4. Man kann mit dem Zug von Wien nach Paris fahren. Es gibt zwei Möglichkeiten zur Auswahl:
Mit dem Euro Night (EN) von Wien Meidling nach Paris Est, Abfahrt 23:56 Uhr, Ankunft am nächsten Tag um 12:34 Uhr oder mit dem ICE von Wien Westbahnhof nach Paris Nord, Abfahrt 06:40 Uhr, Ankunft 18:59. Wie lange ist die jeweilige Fahrzeit der Züge? Welcher Zug ist schneller von Wien in Paris? Warum werden trotzdem viele Personen den langsameren Zug wählen? / 6

5. Eine Fahrt am Kinderkarussell dauert 3 min 29 sec.

a) Sarah darf fünf Mal fahren. Wie lange fährt Sarah insgesamt mit dem Karussell? / 3

b) Eine Umdrehung des Karussells dauert 19 Sekunden. Wie oft dreht sich das Karussell bei einer Fahrt? / 3

c) Max gibt an, dass er bereits 52 min 15 sec mit dem Karussell gefahren ist. Wie viele Fahrten hat er gemacht? / 3

/ 24

Testdauer: 20 min

LZK – TEST 26
Darstellen und Veranschaulichen von Brüchen

/ 8

1. Gib an, welcher Bruchteil markiert ist!

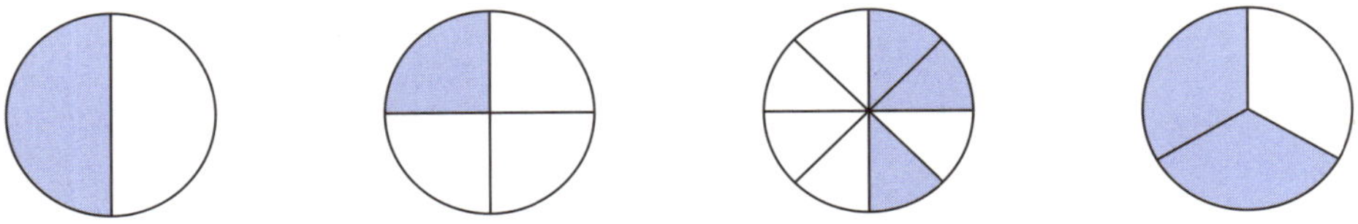

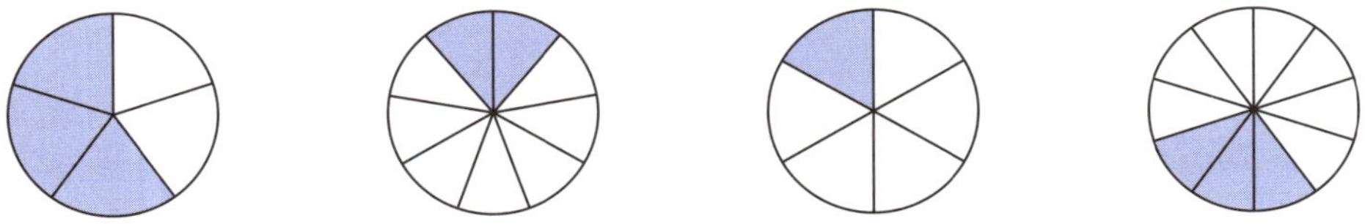

/ 8

2. Kennzeichne folgende Bruchteile mit Farbe!

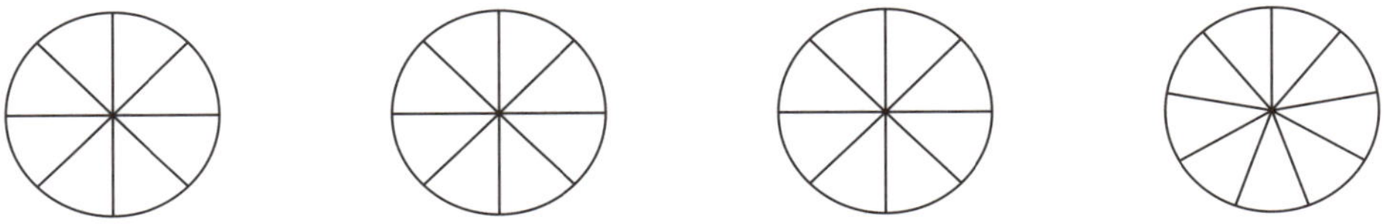

$\frac{1}{4}$ $\frac{3}{8}$ $\frac{3}{4}$ $\frac{2}{3}$

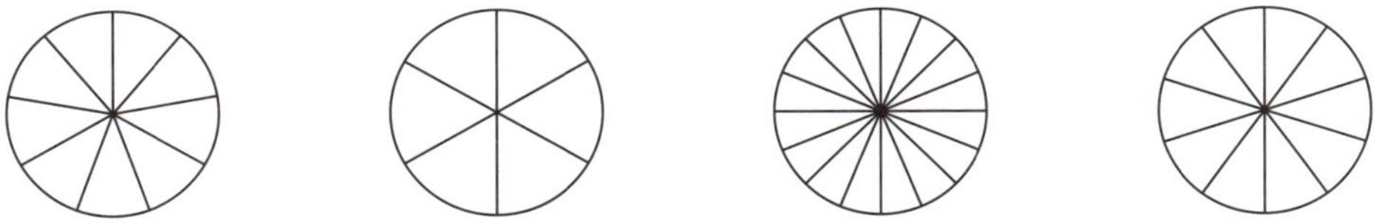

$\frac{4}{9}$ $\frac{4}{6}$ $\frac{5}{8}$ $\frac{9}{10}$

/ 6

3. Trage die Bruchzahlen auf dem Zahlenstrahl ein! Setze dann <, = bzw. > ein!

a) $\frac{1}{12}$ $\frac{1}{3}$ **b)** $\frac{6}{12}$ $\frac{1}{2}$ **c)** $\frac{1}{3}$ $\frac{7}{12}$

d) $\frac{10}{12}$ $\frac{2}{3}$ **e)** $\frac{11}{12}$ $\frac{5}{6}$ **f)** $\frac{1}{4}$ $\frac{3}{12}$

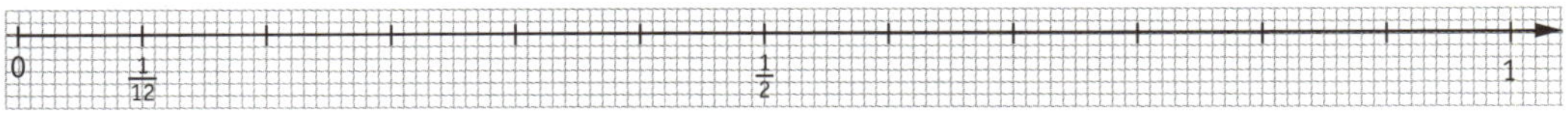

/ 2

4. Schreibe als unechten Bruch!

a) $2\frac{3}{4} =$ **b)** $3\frac{2}{5} =$

/ 24

Bruch- und Dezimalschreibweise

Testdauer: 20 min

1. Wandle die folgenden Brüche in Dezimalbrüche um und trage sie anschließend auf einem der Zahlenstrahle ein. Wähle jeweils den Zahlenstrahl, auf den der Bruch bzw. die Dezimalzahl gerade noch passt!

/ 7

a) $\frac{2}{5} = \frac{\square}{\square}$

b) $\frac{4}{25} = \frac{\square}{\square}$

c) $\frac{7}{5} = \frac{\square}{\square}$

d) $1\frac{3}{8} = \square\,\frac{\square}{\square}$

e) $3\frac{51}{170} = \square\,\frac{\square}{\square}$

f) $\frac{6}{25} = \frac{\square}{\square}$

g) $\frac{8}{25} = \frac{\square}{\square}$

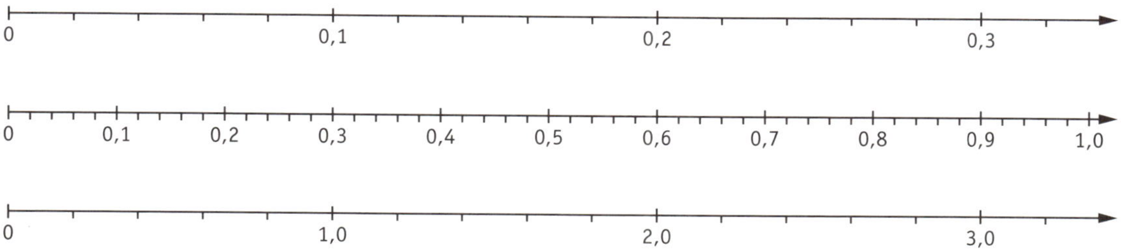

2. Schreibe in der angegebenen Einheit als Dezimalzahl und als Bruch!

/ 12

a) 25 c = ______________ € = ______________ €

b) 50 cm² = ______________ dm² = ______________ dm²

c) 75 dag = ______________ kg = ______________ kg

d) 18 min = ______________ h = ______________ h

e) 12,5 l = ______________ hl = ______________ hl

f) 20 s = ______________ min = ______________ min

3. Schreibe die Brüche als Dezimalzahl an!

/ 5

a) $\frac{4}{5}$ = ______________

b) $\frac{9}{4}$ = ______________

c) $\frac{3}{8}$ = ______________

d) $\frac{2}{3}$ = ______________

e) $\frac{2}{9}$ = ______________

/ 24

Testdauer: 20 min

LZK – TEST 28
Addieren und Subtrahieren von Bruchzahlen

__ / 6

1. Ergänze den dargestellten Bruch auf ein Ganzes! Wie viel fehlt auf ein Ganzes?

a) 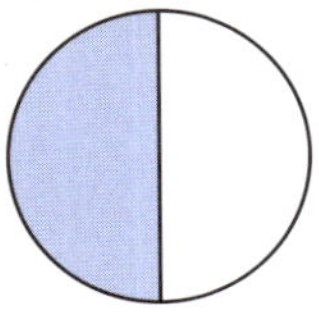 $\frac{1}{2} + \frac{\square}{\square} = 1$

b) 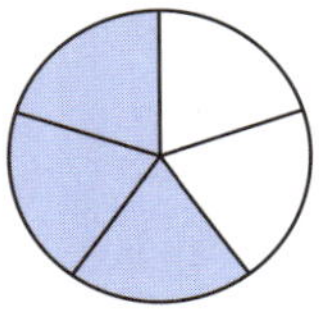 $\frac{3}{5} + \frac{\square}{\square} = 1$

c) 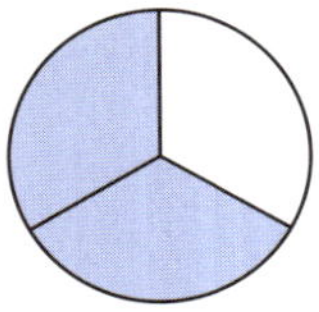 $\frac{2}{3} + \frac{\square}{\square} = 1$

d) 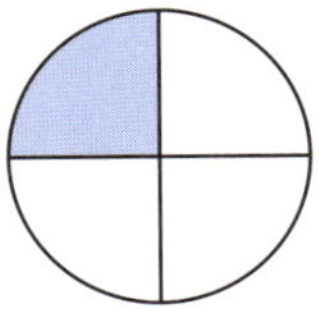 $\frac{1}{4} + \frac{\square}{\square} = 1$

e) 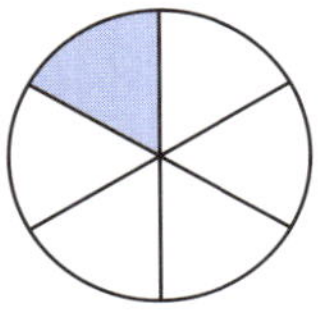 $\frac{1}{6} + \frac{\square}{\square} = 1$

f) 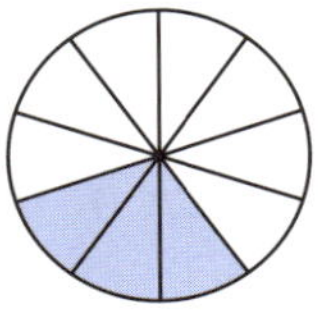 $\frac{3}{10} + \frac{\square}{\square} = 1$

__ / 6

2. Wie viel fehlt auf 5?

a) $4\frac{1}{2} + \square = 5$

b) $4\frac{1}{4} + \square = 5$

c) $2\frac{3}{5} + \square = 5$

d) $\frac{7}{2} + \square = 5$

e) $\frac{8}{3} + \square = 5$

f) $\frac{9}{4} + \square = 5$

__ / 6

3. In einer Stadt leben 1 152 Schulkinder. $\frac{1}{8}$ von ihnen fahren mit dem Rad zur Schule, $\frac{1}{3}$ mit dem Zug, 432 Kinder benützen den Bus. Der Rest der Kinder geht zu Fuß. Vervollständige die Tabelle! Wie viele Kinder gehen zu Fuß?

	Anzahl der Schulkinder	Bruchteil
Rad		$\frac{1}{8}$
Zug		$\frac{1}{3}$
Bus	432	
Zu Fuß		
Gesamt	1 152	

__ / 6

4. Führe die Rechnung durch! Gib das gekürzte Ergebnis (wenn möglich) als gemischte Zahl an!

a) $\frac{3}{2} + \frac{3}{4} =$ __________

b) $2\frac{1}{2} + \frac{2}{3} =$ __________

c) $\frac{1}{2} + \frac{5}{6} =$ __________

d) $1\frac{2}{3} - \frac{3}{2} =$ __________

e) $3\frac{1}{2} - 1\frac{3}{4} =$ __________

f) $2\frac{1}{3} - 1\frac{5}{6} =$ __________

__ / 24

LZK – TEST 29
Multiplizieren und Dividieren von Bruchzahlen

Testdauer: 20 min

1. Berechne den Bruchteil!

a) $\frac{1}{4}$ von 20 = ______ **b)** $\frac{1}{5}$ von 35 = ______

c) $\frac{2}{3}$ von 39 = ______ **d)** $\frac{3}{7}$ von 56 = ______

e) $\frac{1}{7}$ von 91 = ______ **f)** $\frac{2}{8}$ von 184 = ______

/ 6

2. Julia gibt $\frac{1}{3}$ ihres monatlichen Taschengeldes, das sind 20 €, aus. Wie viel Euro Taschengeld bekommt Julia monatlich?

/ 2

3. Welcher Bruchteil der Gesamtzahl ist das?

a) 25 Bonbons sind ______ von 100 Bonbons **b)** 48 Schüler sind ______ von 120 Schülern

c) 317 Pakete sind ______ von 2 219 Paketen **d)** 351 Flaschen sind ______ von 1 755 Flaschen

/ 4

4. Berechne!

a) $\frac{3}{4} \cdot 5 =$ ______ **b)** $7 \cdot \frac{2}{5} =$ ______ **c)** $3 \cdot \frac{4}{7} =$ ______

d) $\frac{6}{4} : 2 =$ ______ **e)** $3\frac{3}{5} : 3 =$ ______ **f)** $1\frac{3}{4} : 7 =$ ______

g) $\frac{3}{4} : \frac{1}{4} =$ ______ **h)** $\frac{4}{5} : \frac{2}{5} =$ ______ **i)** $3\frac{1}{3} : \frac{5}{6} =$ ______

/ 9

5. 57 kg Kaffee werden in Packungen zu je $\frac{3}{4}$ kg abgefüllt. Wie viele Packungen voll Kaffee erhält man?

/ 3

/ 24

Testdauer: 20 min

LZK – TEST 30
Der Quader – Ecken und Kanten

/ 3

1. Fülle den Lückentext aus!

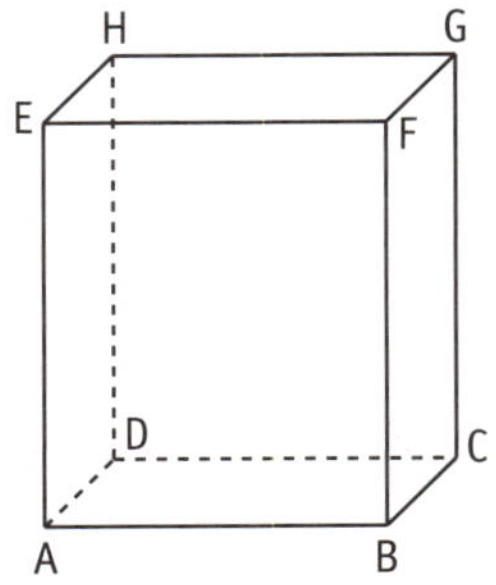

Jeder Quader hat ______ Ecken und ______ Kanten.

Zu jeder Kante gibt es ______ weitere Kanten mit der gleichen Länge.

/ 10

2. Beantworte folgende Fragen!

a) Gib jene Kante an, die zu AB windschief ist und CG schneidet! ______

b) Gib jene Kanten an, die zu DH parallel sind und die EF schneiden! ______

c) Gib jene Kante an, die zu BC parallel ist und die CD schneidet! ______

d) Gib jene Kante an, die gleich lang ist wie GH und windschief zu AE ist! ______

e) Gib jene zwei Kanten an, die zu BF windschief sind und CG schneiden! ______

f) Welche zwei Kanten sind zu AE parallel und zu AB windschief? ______

g) Gib jene zwei Kanten an, die zu DH parallel sind und BC schneiden! ______

h) Gib jene zwei Kanten an, die AE schneiden und gleich lang wie GH sind! ______

i) Welche Kante ist gleich lang wie EH und windschief zu CG? ______

j) Welche Kanten schneiden BC und sind windschief zu EH? ______

/ 3

3. Berechne die Gesamtlänge der Quaderkanten (a = 2 dm 5 cm, b = 1 dm 9 cm, c = 3 dm)! Gib das Ergebnis mehrnamig an!

/ 4

4. Die Gesamtlänge aller Quaderkanten beträgt 168 cm. Der Quader ist 17 cm lang und 12 cm breit. Gib die Höhe des Quaders an!

/ 4

5. Die Gesamtlänge aller Quaderkanten beträgt 388 mm. Der Quader ist 31 mm lang und 56 mm hoch. Gib die Breite des Quaders an!

/ 24

Der Quader – Begrenzungsflächen

Testdauer: 20 min

1. Fülle den Lückentext aus!

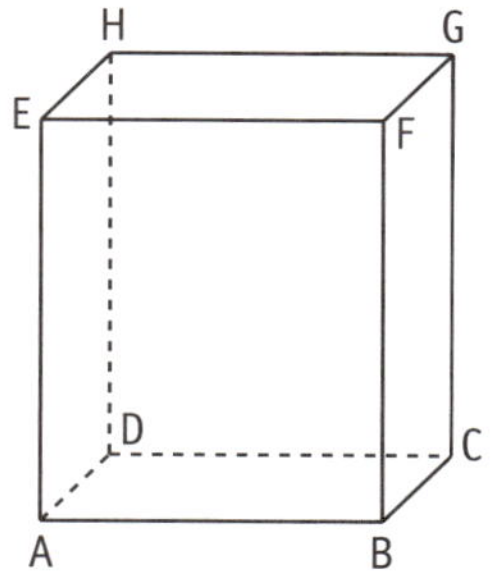

Der Quader hat ______ rechteckige Begrenzungsflächen.

Gegenüberliegende Seitenflächen sind ____________________.

/ 2

2. Beantworte folgende Fragen!

a) Gib jene Begrenzungsfläche an, die die Fläche BCGF schneidet und die Kante EH enthält! ____________________

b) Gib jene Begrenzungsflächen an, die die Fläche EFGH schneiden und mit der Kante CD einen rechten Winkel bilden! ____________________

c) Gib jene zwei Begrenzungsflächen an, die normal auf die Fläche ADHE stehen und den Eckpunkt B enthalten! ____________________

d) Gib jene zwei Begrenzungsflächen an, die die Fläche BCGF schneiden und den Punkt D enthalten!

____

e) Welche zwei Begrenzungsflächen schneiden sowohl die Fläche ADHE als auch die Fläche EFGH?

____

f) Welche zwei Begrenzungsflächen schneiden sowohl die Fläche ABCD als auch die Fläche ABFE?

____

/ 11

3. Beantworte folgende Fragen!

a) Gib jene Begrenzungsfläche an, die die Fläche EFGH schneidet und die Kante AD enthält! __________

b) Gib jene Begrenzungsfläche an, die zur Fläche ABCD parallel liegt! ____________________

c) Gib jene zwei Begrenzungsflächen an, die die Fläche EFGH schneiden und mit der Kante AD einen rechten Winkel bilden! ____________________

d) Gib jene Begrenzungsfläche an, die die Fläche ABCD schneidet und mit der Kante GH einen rechten Winkel bildet! ____________________

/ 6

4. Beantworte folgende Fragen!

a) Wie liegen die Kanten EH und die Begrenzungsfläche BCGF zueinander? ____________________

b) Wie liegen die Kanten CD und die Begrenzungsfläche EFGH zueinander? ____________________

c) Wie liegen die Kanten AD und die Begrenzungsfläche CGHD zueinander? ____________________

d) Wie liegen die Kanten BC und die Begrenzungsfläche ABCD zueinander? ____________________

e) Wie liegen die Kanten AD und die Begrenzungsfläche EFGH zueinander? ____________________

/ 5

/ 24

LZK – TEST 32
Der Würfel

Testdauer: 20 min

/ 2

1. Fülle den Lückentext aus!

Der Würfel ist ein Quader mit ______________________ Kanten.

Ein Würfel wird von 6 deckungsgleichen ______________________ begrenzt.

/ 4

2. Ein würfelförmiges Päckchen mit einer Kantenlänge von 17 cm wird wie in der Abbildung verpackt! Welche Länge muss die Schnur haben, wenn für die Masche 30 cm Schnur benötigt werden?

/ 2

3. Von einem Würfel kennt man die Gesamtlänge seiner Kanten: 540 mm. Berechne die Länge einer Kante!

/ 4

4. Wie liegen die folgenden Kanten eines Würfels zueinander (schneidend, parallel, windschief)?

a) BC, EF ______________________ **b)** CD, GH ______________________

c) AE, EH ______________________ **d)** EH, CG ______________________

/ 12

5. Aus wie vielen Einzelwürfeln sind die folgenden Körper aufgebaut? Beachte, dass du auch diejenigen Würfel mitzählst, die man nicht sieht! Bestimme die Oberfläche und das Volumen der dargestellten Körper durch Abzählen! Ein Würfel hat eine Seitenlänge von 1 cm.

a)

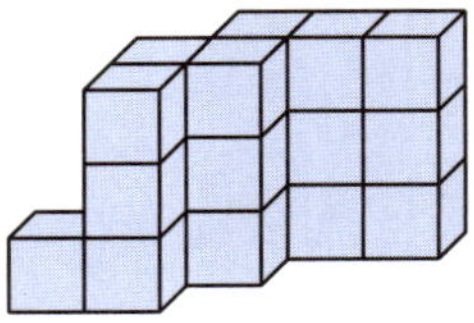

b)

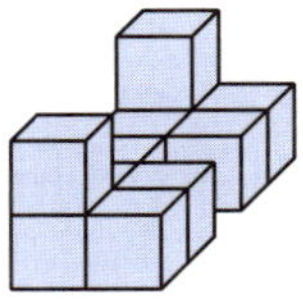

c)

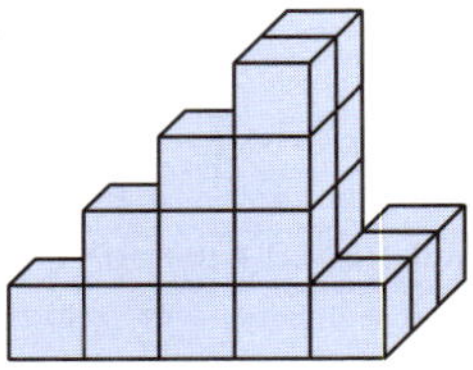

	a)	b)	c)
Anzahl	________	________	________
Oberfläche	________ cm^2	________ cm^2	________ cm^2
Volumen	________ cm^3	________ cm^3	________ cm^3

/ 24

Linien

Testdauer: 20 min

1. Zeichne durch je zwei gegebene Punkte Geraden. Wie viele Geraden sind das?

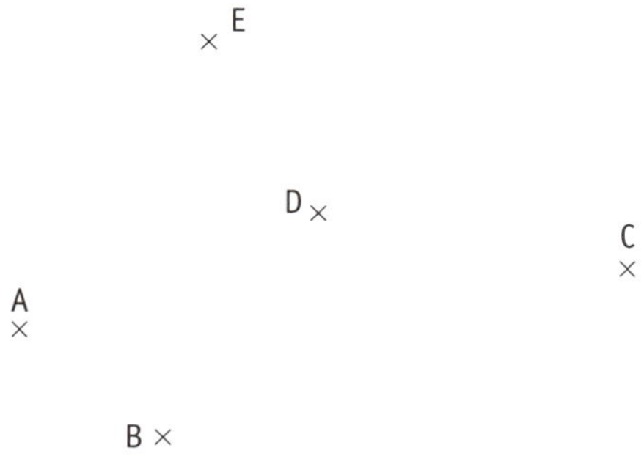

Es sind ________ Geraden.

/ 4

2. Gegeben sind folgende drei Strecken!

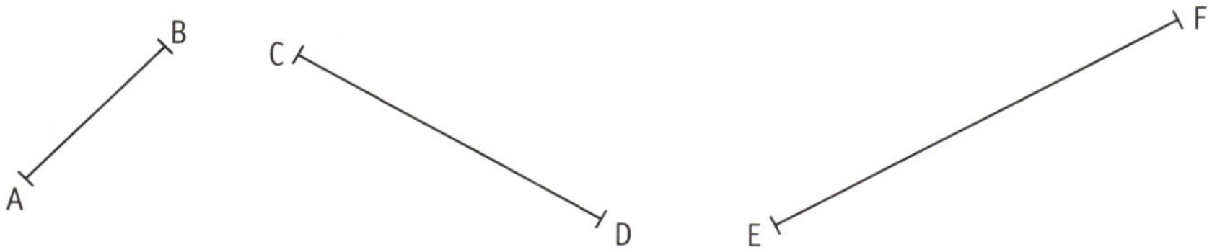

a) Miss die Längen der Strecken und gib sie in mm an!

$\overline{AB}$ = ____________ mm $\overline{CD}$ = ____________ mm $\overline{EF}$ = ____________ mm

/ 3

b) Konstruiere eine Strecke mit folgender Länge!

(1) $4 \cdot \overline{AB} - 2 \cdot \overline{CD} + \overline{EF}$

/ 3

(2) $3 \cdot \overline{EF} + \overline{AB} - 4 \cdot \overline{CD}$

/ 3

c) Überprüfe deine Genauigkeit durch Rechnen und Nachmessen!

(1) $4 \cdot \overline{AB} - 2 \cdot \overline{CD} + \overline{EF}$ = ____

/ 1

(2) $3 \cdot \overline{EF} + \overline{AB} - 4 \cdot \overline{CD}$ = ____

/ 1

3. Fülle den Lückentext aus!

Ein ______________ ist eine gerade Linie mit einem Endpunkt. Eine ______________ ist eine gerade Linie ohne Endpunkte. Eine ______________ ist eine gerade Linie mit zwei Endpunkten. Die Kurzschreibweise für „Der Punkt P liegt auf der Geraden g" ist ________. Liegt P nicht auf der Geraden g, schreibt man kurz ________. Für „Die Geraden g und h schneiden einander im Punkt S" schreibt man kurz ______________. g||h bedeutet, dass die Geraden g und h ______________________ zueinander liegen.

/ 7

4. Zeichne zwei parallele Strecken mit der Länge 37 mm.

/ 2

/ 24

LZK – TEST 34
Besondere Lage von Geraden

Testdauer:
20 min

/ 4

1. Zeichne durch die Punkte A und B jeweils eine Normale zur gegebenen Geraden!

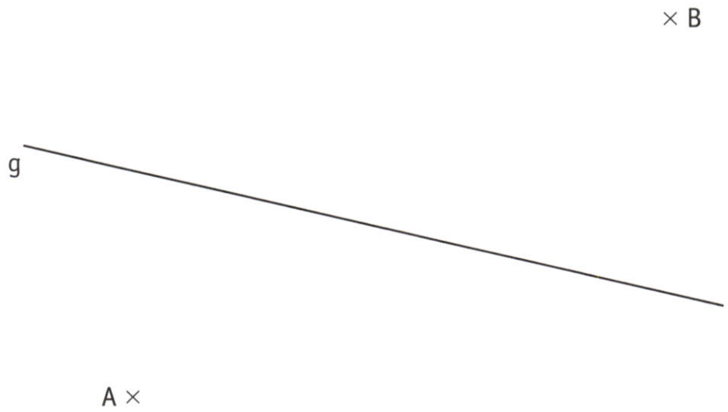

/ 6

2. Gib die Abstände der Punkte von der Geraden an!

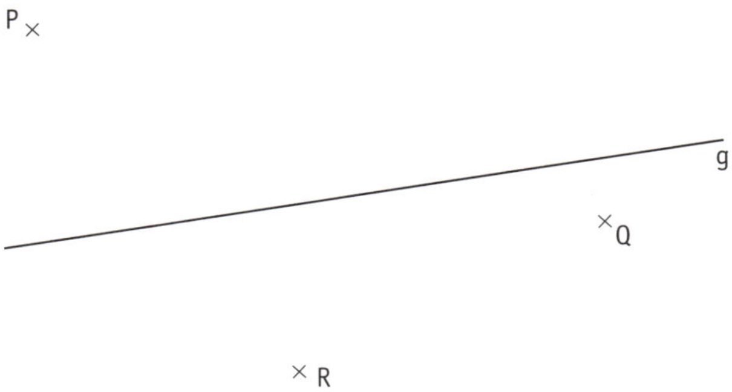

P von g: $\overline{Pg}$ = ____________________

Q von g: $\overline{Qg}$ = ____________________

R von g: $\overline{Rg}$ = ____________________

/ 6

3. Zeichne zur Geraden g drei Parallele durch die Punkte A, B und C!

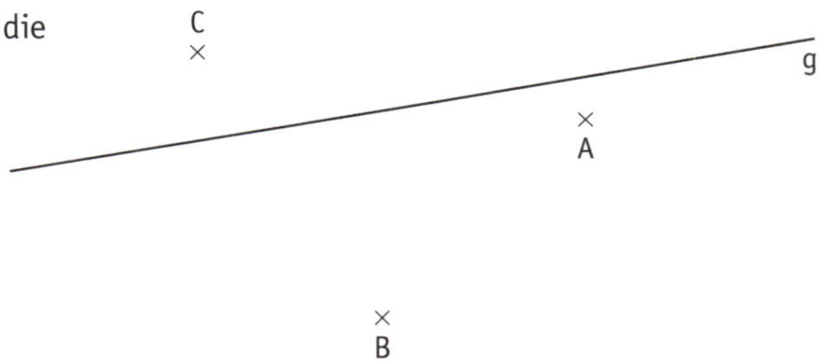

/ 8

4. Gib an, wie die Geraden zueinander liegen (parallel, rechtwinklig, schneidend)!

a, b ____________________

a, c ____________________

a, d ____________________

a, e ____________________

a, f ____________________

a, g ____________________

e, g ____________________

b, g ____________________

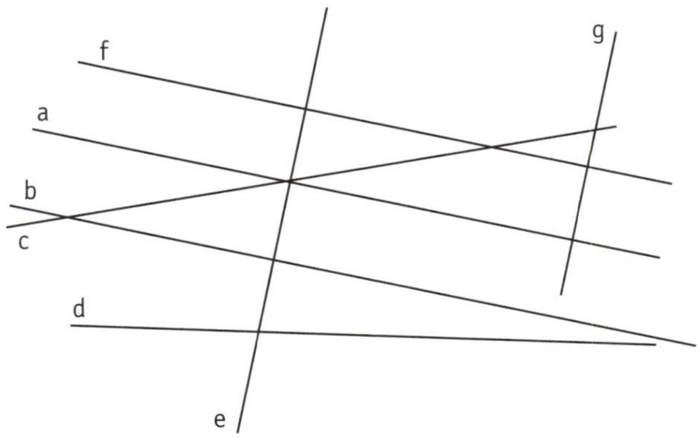

/ 24

Winkel

Testdauer: 20 min

1. Trage an den vorgegebenen Strahlen mit dem Scheitelpunkt S den angegebenen Winkel (gegen den Uhrzeigersinn) auf! Verlängere, wenn notwendig, den Strahl!

/ 8

$\alpha = 95°$

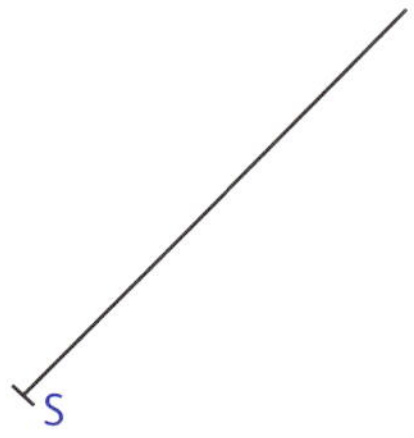

$\beta = 37°$

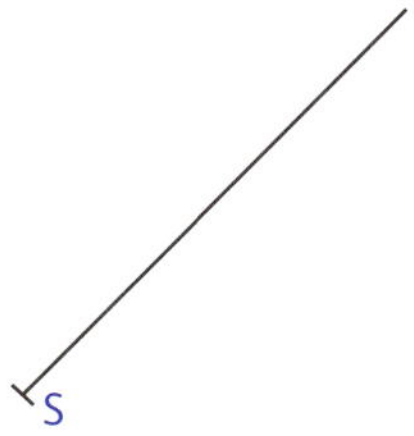

$\gamma = 135°$

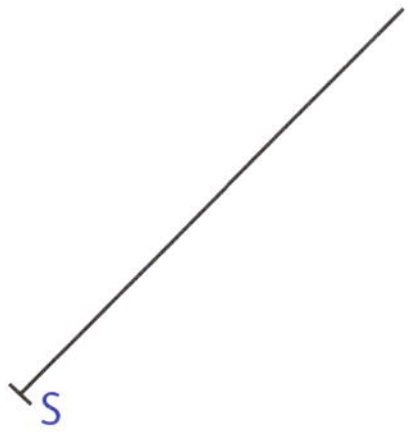

$\delta = 315°$

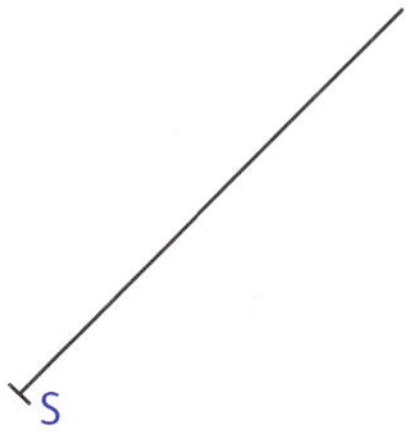

2. Miss die folgenden Winkel!

/ 10

α = ____________________

δ = ____________________

β = ____________________

ε = ____________________

γ = ____________________

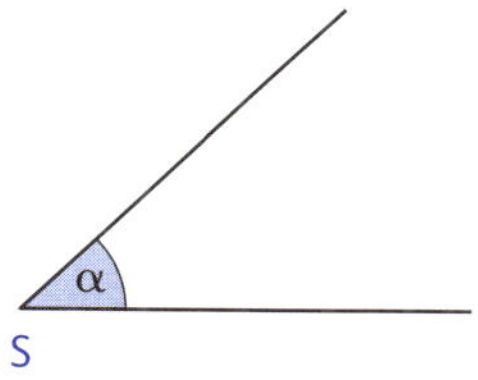

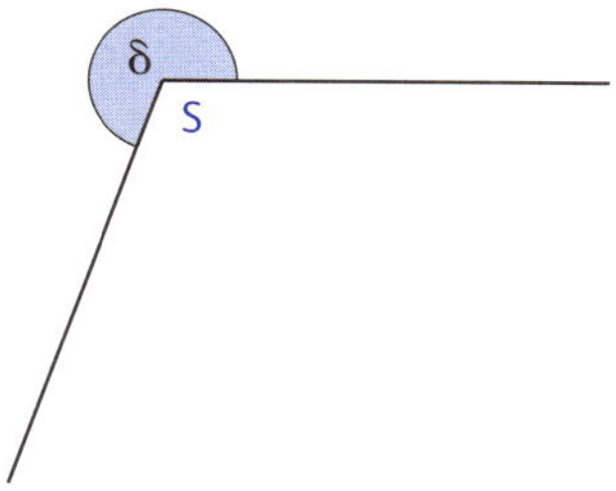

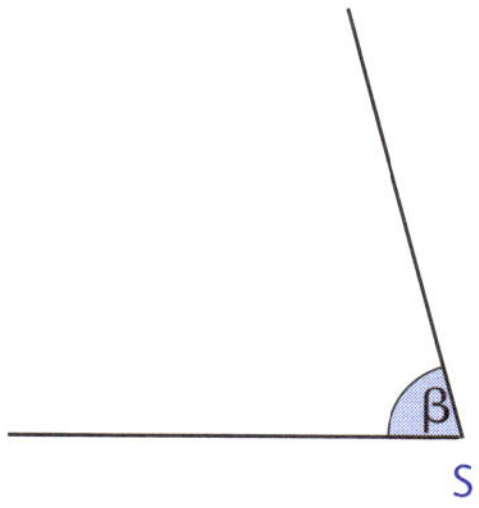

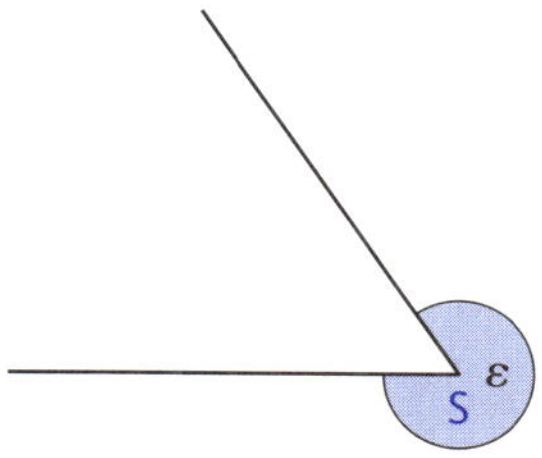

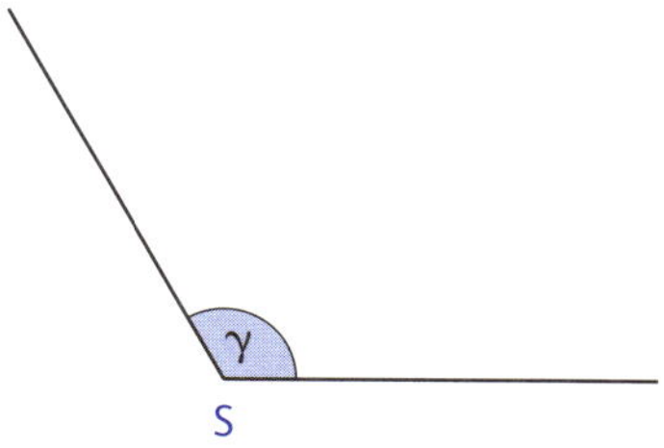

3. Gib in der folgenden Figur die Größe der einzelnen Winkel an!

/ 6

α = ____________________

β = ____________________

γ = ____________________

δ = ____________________

ε = ____________________

ζ = ____________________

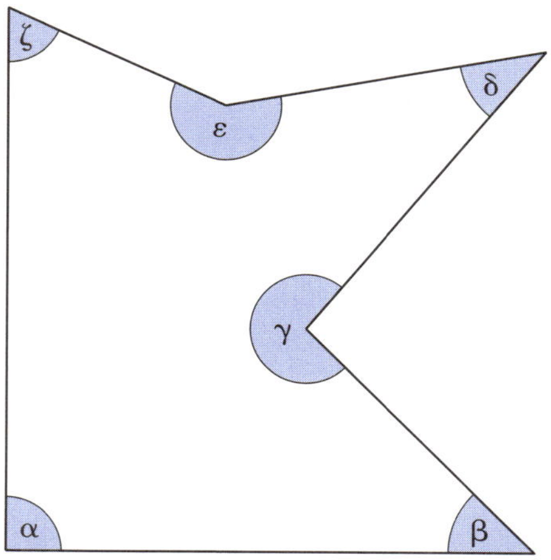

/ 24

LZK – TEST 36
Der Kreis und seine Teile

Testdauer: 20 min

/ 12

1. Beantworte folgende Fragen!

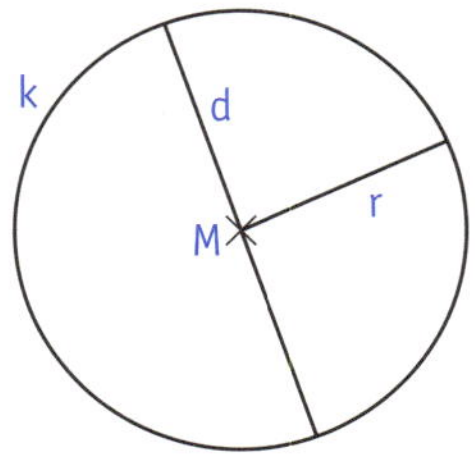

a) Was ist ein Kreis?
Alle Punkte der Zeichenebene, die vom ______________________________

______________________________ haben, liegen auf dem Kreis k.

b) Wie beschriftet man die einzelnen Teile eines Kreises?

M … ______________________ d … ______________________

r … ______________________ k … ______________________

c) Was ist ein Durchmesser?

____

d) Welcher Zusammenhang besteht zwischen Radius und Durchmesser eines Kreises?

____

e) Welche Eigenschaft haben alle Punkte eines Kreises?

____

f) Eine andere Bezeichnung für Kreissegment ist ______________________________

g) Die längste Sehne eines Kreises ist ______________________________

h) In welche Teile wird ein Kreis durch eine Sehne zerlegt?

____

i) Welche Eigenschaften haben die Kreisbögen, die zum Durchmesser gehören?

____

j) Durch welche Linien wird ein Kreisausschnitt begrenzt?

____

k) Ein anderes Wort für Kreisausschnitt ist ______________________________

l) Wie heißen zwei Kreise, die denselben Mittelpunkt M haben? ______________________

/ 12

2. Konstruiere einen Kreissektor mit Radius r = 22 mm und Sehne s = 27 mm. Achte auf vollständige Beschriftung!

a) Miss die Größe des zugehörigen Zentriwinkels α!

b) Ermittle den Abstand a des Kreismittelpunkts von der Kreissehne s!

M×

/ 24

LZK – TEST 37
Gegenseitige Lage von Kreisen

Testdauer: 20 min

1. Beantworte folgende Fragen! / 2

a) Wie nennt man den Abstand zweier Kreismittelpunkte? ______________________

b) Wie berechnet man die Breite eines Kreisrings? ______________________

2. Setze zum Bild passend das richtige Zeichen ein (<, >, =)! / 6

a)

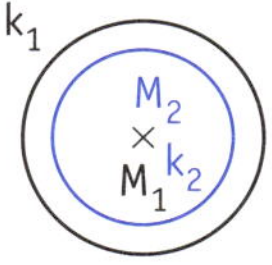

$\overline{M_1M_2}$ ☐ 0

b)

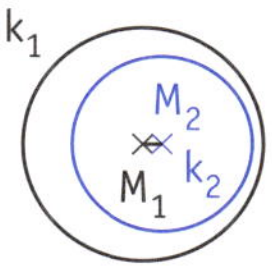

$\overline{M_1M_2}$ ☐ $r_1 - r_2$

c)

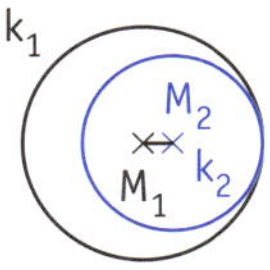

$\overline{M_1M_2}$ ☐ $r_1 - r_2$

d)

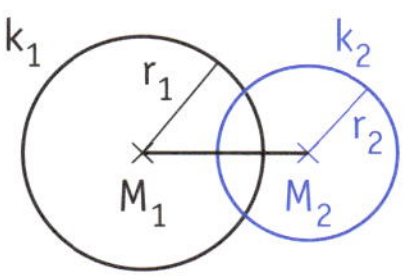

$\overline{M_1M_2}$ ☐ $r_1 + r_2$

e)

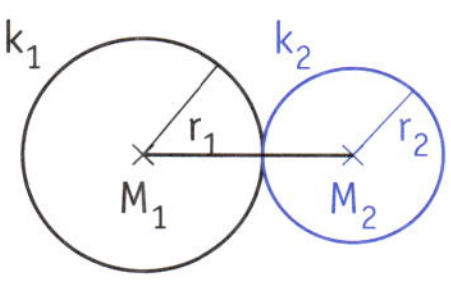

$\overline{M_1M_2}$ ☐ $r_1 + r_2$

f)

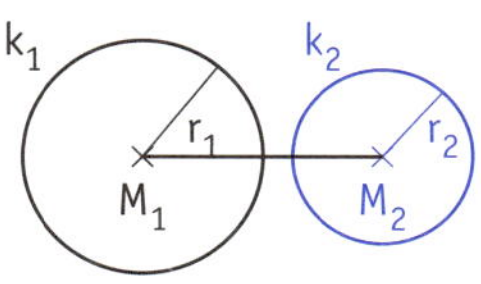

$\overline{M_1M_2}$ ☐ $r_1 + r_2$

3. Zeichne einen 0,5 cm breiten Kreisring, dessen äußerer Kreis 2 cm Radius hat! / 4

M ×

4. Zeichne zwei Kreise k_1 und k_2 mit den Radien r_1 = 25 mm und r_2 = 15 mm, wobei der größere Kreis vom kleineren von innen berührt wird! Zeichne dann jenen Kreis k_3 mit Radius r_3 = 20 mm, der beide Kreise von außen berührt und seinen Mittelpunkt auf der Zentrale der Kreise k_1 und k_2 hat! Konstruiere zum Schluss den Kreis k_4, der den Kreis k_1 von innen und den Kreis k_2 von außen berührt und seinen Mittelpunkt ebenfalls auf der Zentrale hat! Wie groß ist sein Radius? / 12

/ 24

LZK – TEST 38
Kreis und Gerade

Testdauer: 20 min

/ 2

1. Beantworte folgende Fragen!

a) Was versteht man unter dem Begriff „Sekante“?

____

b) Wie konstruiert man eine Tangente?

____

/ 6

2. Beschrifte folgende Geraden und gib ihren Abstand vom Mittelpunkt an!

Abstand g von M = ______________ mm

Abstand h von M = ______________ mm

Abstand i von M = ______________ mm

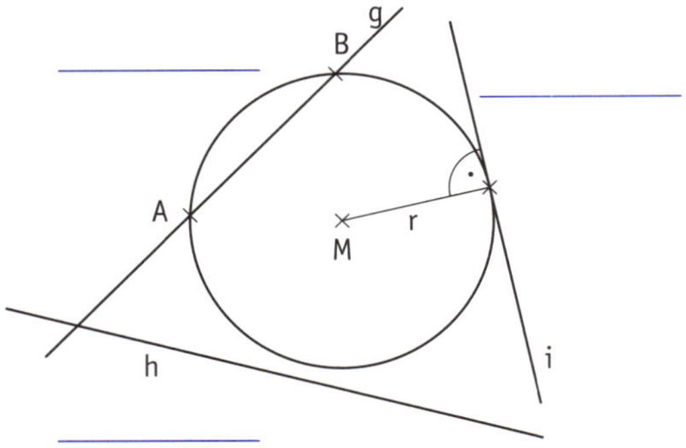

/ 10

3. Zeichne einen Kreis vom Radius 25 mm und nimm einen Durchmesser beliebig an! Konstruiere zu diesem Durchmesser parallele Tangenten! Konstruiere weiters zu diesem Durchmesser parallele Passanten im Abstand 30 mm vom Mittelpunkt. Zum Abschluss zeichne zu diesem Durchmesser jene Sekanten, die auf diesen Durchmesser normal stehen und einen Abstand von 15 mm zum Mittelpunkt haben.

× M

/ 6

4. Zeichne drei konzentrische Kreise k_1, k_2 und k_3 mit r_1 = 1 cm, r_2 = 2 cm und r_3 = 2,5 cm. Lege an den Kreis k_2 eine Tangente! Wie liegt diese Gerade zu den beiden anderen Kreisen?

× M

/ 24

LZK – TEST 39
Rechteck und Quadrat

Testdauer: 20 min

1. Zeichne ein Rechteck mit den Seitenlängen a = 42 mm und b = 35 mm! Miss die Längen der Diagonalen!

/ 6

2. Gegeben ist ein Rechteck ABCD. Setze das Zeichen „=“, „||“ bzw. „⊥“ richtig ein!

/ 6

AB		AD	AB		CD
AB		a	BC		CD
AD		BC	CD		a

3. Konstruiere ein Rechteck ABCD mit a = 90 mm und b = 45 mm!
Zeichne durch den Eckpunkt D eine Parallele p zur Diagonalen AC. Dann zeichne durch den Punkt B eine Normale n zur Diagonale BD. Sind die beiden Geraden n und p parallel? Falls nein, was müsste man an der Angabe ändern, damit sie parallel sind?

/ 12

/ 24

LZK – TEST 40
Rechteck und Quadrat – Umfang

Testdauer: 20 min

/ 4

1. Berechne den Umfang des Rechtecks mit den Seitenlängen a = 35,4 dm und b = 3,1 m!

/ 5

2. Ein 54 m 8 cm langes und 18 m 55 cm breites Grundstück soll eingezäunt werden. Wie viel Meter Drahtzaun werden dafür benötigt, wenn das Gartentor 3 m breit ist?

/ 4

3. Berechne die Länge der Borte, die um eine 2,7 m lange und 90 cm breite Tischdecke genäht werden soll!

/ 5

4. Bei einem Rechteck mit dem Umfang u = 5 m 7 dm 3 cm ist eine Seite a = 97 cm lang. Berechne die zweite Seite des Rechtecks!

/ 6

5. Gegeben ist ein Rechteck mit den Seitenlängen a = 17 dm 5 cm 2 mm und b = 1 m 2 dm 48 mm. Berechne die Seitenlänge s eines Quadrats, das den gleichen Umfang hat!

/ 24

LZK – TEST 41

Rechteck und Quadrat – Flächeninhalt

Testdauer: 20 min

1. Rechne in Quadratmeter um!

a) 300 dm^2 = ______________ m^2

b) 200 cm^2 = ______________ m^2

c) 0,5 km^2 = ______________ m^2

d) 7,2 ha = ______________ m^2

e) 100 000 mm^2 = ______________ m^2

f) 0,4 a = ______________ m^2

/ 6

2. Schreibe mehrnamig an!

a) 3,654068 km^2 = ______________

b) 0,057965 ha = ______________

c) 45,184 a = ______________

d) 0,002489 m^2 = ______________

e) 579 145 453 mm^2 = ______________

f) 96 415 846 dm^2 = ______________

/ 6

3. Welche Fläche in Quadratzentimetern hat ein Quadrat mit der Seitenlänge a = 2,4 dm?

/ 1

4. Ein Schwimmbecken hat die Form eines 8 m langen und 3 m breiten Rechtecks. Um dieses Becken wird eine 2,5 m breite Holzterrasse verlegt.

a) Fertige eine Skizze an!

b) Berechne die Fläche, die das Becken einnimmt!

c) Berechne den Flächeninhalt der Holzterrasse!

d) Eine 20 dm^2 große Holzplatte kostet 4,90 €. Der Tischler verlangt für das Verlegen von 1 m^2 Holz zusätzlich 42 €. Berechne die Mindestkosten für die Holzterrasse!

/ 11

/ 24

LZK – TEST 42
Der Maßstab

Testdauer: 20 min

/ 3

1. Wie lang ist eine 5 km lange Strecke auf einer Karte im Maßstab 1 : 25 000?

/ 2

2. Zeichne eine 950 m lange Strecke im Maßstab 1 : 10 000!

/ 3

3. Wie lang ist eine im Plan 67 mm lange Strecke in Wirklichkeit, wenn der Plan im Maßstab 1 : 5 000 000 ist?

/ 2

4. Eine 700 m lange Strecke wird auf einer Karte mit einer Länge von 7 cm dargestellt. Welcher Maßstab wurde verwendet?

/ 10

5. Ein rechteckiges Grundstück ist 20 ha groß. In einer Karte im Maßstab 1 : 20 000 beträgt die Breite des Grundstücks 4 cm. Wie lang und wie breit ist das Grundstück im Plan und in Wirklichkeit?

	Plan	Wirklichkeit
Länge		
Breite	4 cm	

/ 4

6. Zeichne einen Plan eines rechteckigen Zimmers, das 4,5 m lang und 3,7 m breit ist, im Maßstab 1 : 100!

/ 24

Der Quader – Netze und Schrägriss

Testdauer:
20 min

1. Trage in die gegebenen Würfelnetze die fehlenden Augenzahlen so ein, dass beim Falten ein Spielwürfel entsteht! Gegenüberliegende Augenzahlen haben die Summe 7!

a)

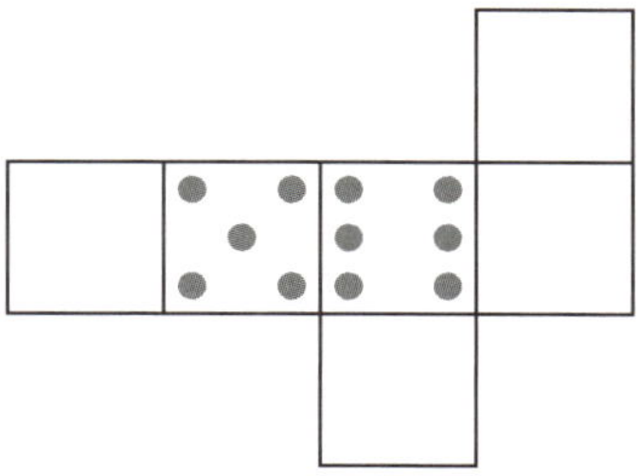

b)

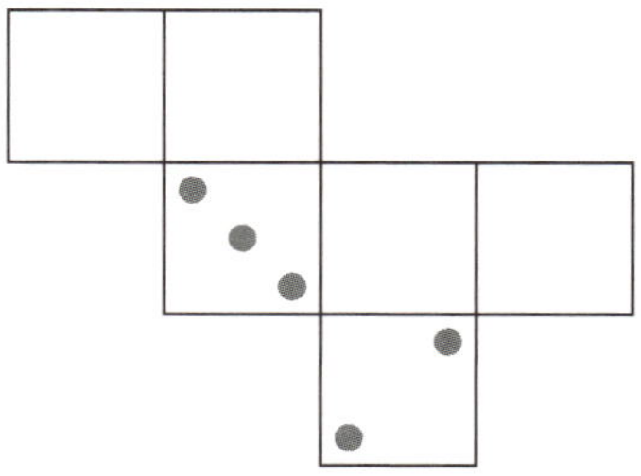

/ 6

2. Aus dem gegebenen Netz wird ein Würfel gefaltet. Welche Flächen sind zueinander parallel? Notiere die gegenüberliegenden Zahlenpaare!

a)

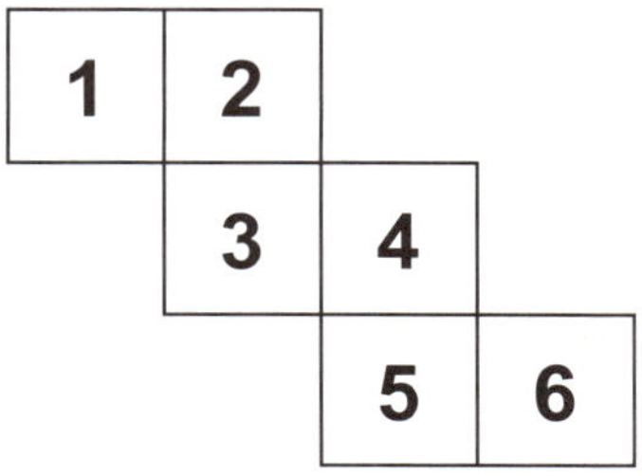

b)

/ 6

3. Stell dir vor, das Würfelnetz ist mit der Fläche G festgeklebt. Die anderen Flächen werden zu einem Würfel hochgefaltet. Welche Fläche ist dann am Würfel vorne (v), hinten (h), oben (o), rechts (r) bzw. links (l)? Überlege und beschrifte die einzelnen Flächen!

a)

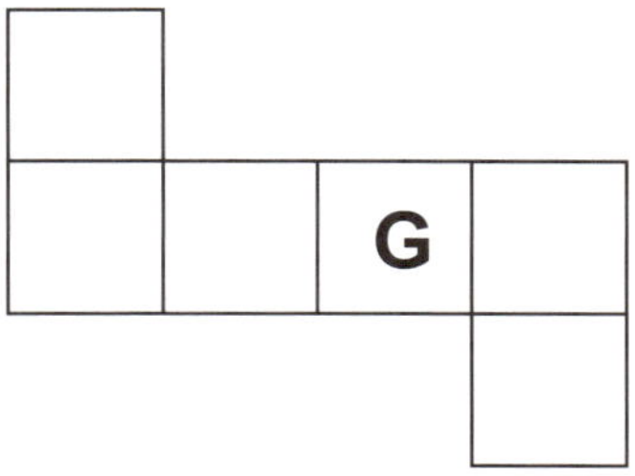

b)

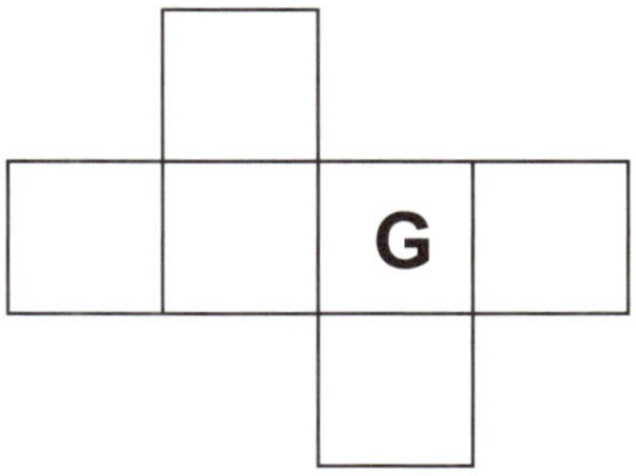

/ 6

4. Zeichne den Quader mit den angegebenen Längen im Schrägriss ($a = 4$ cm, $b = 5$ cm, $c = 3{,}5$ cm, $\alpha = 25°$, $v = \frac{1}{2}$)! Beachte die Verkürzung der nach hinten laufenden Kanten! Zeichne sichtbare Kanten als Volllinien, nicht sichtbare als strichlierte Linien!

/ 6

/ 24

Testdauer: 20 min

LZK – TEST 44
Der Quader – Oberfläche

/ 8

1. Berechne in km² und gib die Ergebnisse jeweils mehrnamig an!

a) 45,24 dm² – 28 ha + 78 350 000 cm² + 9 km² – 41,88 ha – 42,24 m² =

/ 5

b) 18 a 7 m² + 25,9 km² – 507 m² =

/ 11

2. Die Decke und die Wände eines 6,3 m langen, 5,7 m breiten und 2,6 m hohen Wohnzimmers werden ausgemalt. Wie viel m² sind zu bemalen, wenn bei Türen und Fenstern insgesamt 6,8 m² unbemalt bleiben? Für den Boden ist ein Parkett vorgesehen. Berechne den Gesamtpreis, wenn ein m² Parkett 19,90 € und ein m² Ausmalen 12 € kostet? Runde auf Cent!

/ 24

Der Quader – Rauminhalt

Testdauer: 20 min

1. In ein Schwimmbecken, das 8 m lang, 2,5 m breit und 1,8 m tief ist, wurden 150 hl Wasser gefüllt. Wie hoch steht das Wasser? Wie viel Hektoliter Wasser kann man noch zufüllen, damit es randvoll wird?

/ 8

2. Bei einem starken Regen fallen auf 1 m^2 Boden 1,4 Liter Wasser pro Minute. Wenn es ununterbrochen regnet und das Wasser nicht abfließen kann, wie hoch steht das Wasser nach einer Stunde? Wie viel Hektoliter fallen bei diesem Regen in einer Stunde auf 1 Ar?

/ 8

3. Ein quaderförmiges Schleusenbecken, das 130 m lang und 45 m breit ist, wird 25 Minuten lang mit Wasser befüllt. Pro Minute fließen 7 956 hl zu. Um wie viel Meter steigt der Wasserspiegel?

/ 8

/ 24

Testdauer:
50 min

Schularbeit 1

Stoffgebiete: Dekadische Einheiten, Römische Zahlzeichen, Runden von Zahlen, Quader

/ 4

1. a) Schreibe die gegebenen Zahlen mit Hilfe dekadischer Einheiten an:

573 010 090 = ______________________________

908 060 105 021 = ______________________________

/ 4

b) Schreibe die Zahlen ohne Angabe der dekadischen Einheiten an:

6B 4ZMd 3M 4HT 3T 1Z = ______________________________

4Md 7ZM 3ZT 5Z 7E = ______________________________

/ 4

c) Schreibe die Zahlen in der gegebenen dekadischen Einheit an:

47T = ______________________ E   5M 8T = ______________________ H

/ 4

2. a) Schreibe in arabischen Ziffern:

DCCLXIV = ______________________   MCMXCVIII = ______________________

/ 4

b) Schreibe mit römischen Zahlzeichen:

45 = ______________________   2 873 = ______________________

/ 6

c) Rechne einen Zapfen mit der Zahl 13!

3. a) Die Zugspitze (2 962 m) ist der höchste Berg Deutschlands. Der Kilimandscharo, der höchste Berg Afrikas, ist um 2 933 m höher als die Zugspitze und um 299 m niedriger als der höchste Berg Nordamerikas, der Mount McKinley.

Wie hoch ist der Kilimandscharo?

/ 1

Wie hoch ist der Mount McKinley?

/ 2

Um wie viel m ist der Mount McKinley höher als die Zugspitze?

/ 2

b) Runde folgende Zahlen auf Zehner:

/ 2

678 ≈ ______________________ 2 341 ≈ ______________________

c) Runde folgende Zahlen auf Hunderter und berechne den Rundungsfehler!

/ 4

3 726 ≈ ______________________ 5 097 ≈ ______________________

Rf.: ______________________ Rf.: ______________________

4. a) Gib jene vier Kanten an, die die Fläche EFGH begrenzen!

/ 11

____

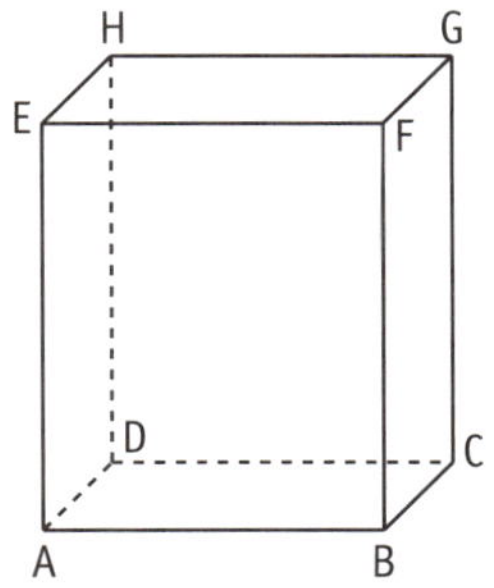

b) Gib die vier Seitenflächen und die Deckfläche des Quaders an, wenn man den Quader auf die Fläche ABFE stellt!

Seitenflächen: ______________________

Deckfläche: ______________________

c) Gib jene Fläche an, die mit der Fläche BCGF deckungsgleich ist!

____

d) Berechne für den gegebenen Quader die Gesamtlänge aller Kanten:
Länge: 34 mm, Breite: 17 mm, Höhe: 28 mm

/ 48

Testdauer: 50 min

Schularbeit 2

Stoffgebiete: Mengen, Natürliche Zahlen und ihre Ordnung

/ 12

1. Gib die Mengen A und B im aufzählenden Verfahren an!
Bilde dann $A \cap B$ und $A \cup B$! Zeichne ein Mengenbild (Beschriftung!).

$A = \{x \in \mathbb{N}_u \mid x < 15\}$

$B = \{x \in \mathbb{N} \mid 3 \leq x < 10\}$

/ 3

2. a) Gib folgende Mengen im aufzählenden Verfahren an!
L = Menge der zweistelligen Zahlen, deren Einerziffer um 2 kleiner ist als die Zehnerziffer

/ 3

M = Menge der zweistelligen Zahlen mit der Ziffernsumme 8

/ 6

b) Folgende (durch ihre Katalognummer angeführten) SchülerInnen und Schüler einer Klasse besitzen die angegebenen Haustiere:

Hund: $H = \{4, 5, 10, 16, 23, 27, 30\}$

Katze: $K = \{2, 4, 16, 20, 29, 30\}$

Meerschwein: $M = \{3, 10, 15, 16, 20, 23, 29, 31\}$

Bilde die Menge aller jener SchülerInnen und Schüler, die folgende Haustiere haben:

Katze und Hund: ______________________________

Katze oder Meerschwein oder beides: ______________________________

alle drei Haustiere: ______________________________

Schularbeit 2

3. a) Welche Zahlen sind auf dem Zahlenstrahl markiert? / 4

b) Zeichne einen geeigneten Ausschnitt des Zahlenstrahls und kennzeichne die Punkte der angegebenen Zahlen: 42; 51; 59; 66 / 4

c) Gegeben ist die Menge M = {♥, ♦, ♠, ♣}. Gib alle Teilmengen **1)** mit zwei Elementen, **2)** mit drei Elementen an!

1) ______________________________ / 3

2) ______________________________ / 3

4) Gib die Ergebnisse folgender Rechnungen als Ordnungskette an! / 10

567 · 54 = 344 945 – 312 796 = 619 476 : 19 = 16 097 + 15 967 =

/ 48

Schularbeit 3

Testdauer: 50 min

Stoffgebiete: Dekadische Einheiten (inkl. Erweiterung), Runden von Zahlen, Zahlen und ihre Ordnung, Rechnen mit Dezimalzahlen, Symmetrie, Linien

/ 2

1. a) Schreibe die folgenden Zahlen ohne Angabe der dekadischen Einheiten an!

5HT 2T 6H 3h 5ht = ______________________

2ZM 8ZT 4Z 2z 8zt = ______________________

/ 4

b) Runde die folgenden Zahlen wie angegeben!

23 578 ≈ ______________________ (T)

57 999 ≈ ______________________ (Z)

28,2999 ≈ ______________________ (E)

0,2771 ≈ ______________________ (h)

/ 4

2. a) Berechne und ordne der Größe nach!

7 · 7 = ________ 5 · 12 = ________ 56 : 8 = ________ 70 – 7 = ________

72 – 17 = ________ 144 : 3 = ________ 6 · 9 = ________

________ < ________ < ________ < ________ < ________ < ________ < ________

/ 4

b) Ordne die angegebenen Dezimalzahlen der Größe nach!
9,09; 9,99; 9,009; 9,099; 9,909; 9,9; 9,9009

________ < ________ < ________ < ________ < ________ < ________ < ________

/ 4

c) Welche Zahlen sind auf dem Zahlenstrahl markiert?

/ 4

3. a) Schreibe die folgenden Maßangaben mehrnamig an!

20 004,607 m = ______________________

8 040 309 mm = ______________________

6 705,0607 kg = ______________________

4,01070006 t = ______________________

/ 4

b) Runde die folgenden Werte auf das angegebene Maß!

6,684593 km ≈ ______________________ (m)

46,58299 kg ≈ ______________________ (dag)

5 047,991 m ≈ ______________________ (dm)

0,299839 kg ≈ ______________________ (dg)

c) Berechne!

23,24 – 3,656 + 0,089 + 2,77 – 10,05641 + 3,099 – 0,96489 =

/ 5

4. a) Spiegle das gegebene Dreieck ABC an der Geraden g! Achte auf vollständige Beschriftung!

/ 5

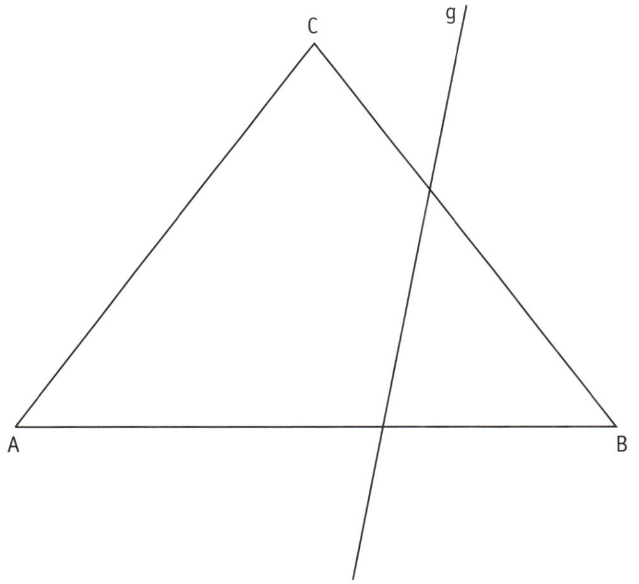

b) Wie viele Symmetrieachsen haben die folgenden Buchstaben? Falls welche vorhanden sind, zeichne sie ein!

/ 4

A B E F H I J M N O R S T X Z

/ 5

5. a) Gegeben sind die Strecken $\overline{AB} = 2{,}7$ cm und $\overline{CD} = 3{,}1$ cm. Konstruiere den Streckenzug $\overline{EF} = 4 \cdot \overline{AB} - 2 \cdot \overline{CD}$ und gib die Länge der Strecke $\overline{EF}$ an! Achte auf vollständige Beschriftung!

/ 3

b) Zeichne eine Gerade g und einen Punkt A im Abstand von 3,2 cm. Konstruiere eine Parallele p und eine Normale n, die beide durch den Punkt A gehen!

/ 48

Schularbeit 4

Testdauer: 50 min

Stoffgebiete: Dekadische Einheiten, Römische Zahlzeichen, Runden von Zahlen, Ordnung natürlicher Zahlen, Quader und Würfel (Ecken, Kanten, Begrenzungsflächen, gegenseitige Lage von Kanten und Flächen)

1. Berechne!

a) 239 + 456 – 349 – 87 + 403 = ____________ / 2

b) 8 556 : 92 = ____________ / 1

2. a) Schreibe die gegebenen Zahlen mit Hilfe der dekadischen Einheiten an! / 4

3 025 = ____________

750 020 010 000 = ____________

970 301 = ____________

40 306 010 = ____________

b) Schreibe die Zahlen ohne Angabe der dekadischen Einheiten an! / 4

9M 8HT 7ZT 6T = ____________

3M 4T 5Z = ____________

2B 7HT 8ZT 1H = ____________

6HT 2ZT 5E = ____________

c) Schreibe die Zahlen in arabischen Ziffern an! / 4

DLVI = ____________

DCLXXIV = ____________

MMCMLXXI = ____________

CMXCVII = ____________

/ 3

d) Schreibe mit römischen Zahlzeichen!

419 = ______

1 094 = ______

1 652 = ______

/ 3

3. a) Runde auf den jeweils gegebenen Stellenwert und gib den Rundungsfehler an!

531 427 ≈ ______ (T) Rf.: ______

74 999 ≈ ______ (ZT) Rf.: ______

2 851 ≈ ______ (H) Rf.: ______

/ 4

b) Schreibe mit Hilfe der Zeichen „<“ und „>“!

24 ist kleiner als 37: ______

8 ist kleiner als 25 und 25 ist kleiner als 58: ______

103 ist größer als 94 und 94 ist größer als 73: ______

35 liegt zwischen 21 und 42: ______

/ 1

c) Welche natürlichen Zahlen haben einen Vorgänger?

______

/ 2

d) Multipliziere die Zahl 60 mit ihrem Vorgänger!

/ 2

e) Schreibe die Zahlenmengen an!

A = Menge der zweistelligen Zahlen mit der Ziffernsumme 5

A = {______

B = Menge der ungeraden Zahlen größer als 55 und kleiner als 64

B = {______

/ 3

f) Welche Zahlen sind auf dem Zahlenstrahl markiert?

4. Berechne die Länge der fehlenden Quaderkante!

Länge	5 cm
Breite	
Höhe	6 cm
Summe aller Kantenlängen	80 cm

/ 4

5. Berechne, welche Länge eine Schnur für das Verpacken eines würfelförmigen Päckchens von 18 cm Kantenlänge mindestens haben muss! Für die Masche allein werden 15 cm Schnur verbraucht.

/ 4

6. Beantworte folgende Fragen zum Quader:

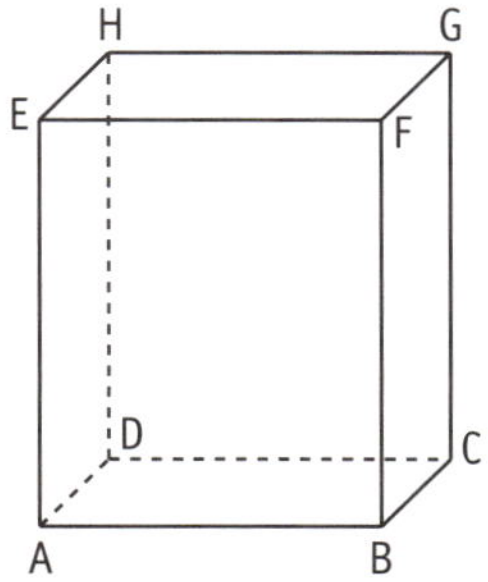

a) Welche Kante ist gleich lang wie BC und windschief zu DH? ______

b) Welche Kante schneidet FG und ist windschief zu AE? ______

c) Gib jene zwei Begrenzungsflächen an, die die Fläche CGHD schneiden und den Punkt A enthalten: ______

d) Gib jene zwei Begrenzungsflächen an, die die Fläche BCGF schneiden und mit der Kante AE einen rechten Winkel bilden: ______

e) In welcher Kante schneiden die Flächen BCGF und EFGH einander? ______

/ 7

/ 48

Schularbeit 5

Testdauer: 50 min

Stoffgebiete: (Text-)Gleichungen, Ungleichungen, Mengen, Linien, Lage von Geraden, Winkel

/ 14

1. Löse folgende Gleichungen! Schreibe bei jeder Zeile an, wie du gerechnet hast!

a) $2 + x = 13$

b) $24 - y = 19$

c) $z - 5 = 18$

d) $a \cdot 3 = 24$

e) $b : 4 = 16$

f) $18 : c = 3$

2. Schreibe jeweils den Text in Form einer Gleichung und löse diese! Schreibe alle Zeilen an!

/ 3

a) Addiert man 5 zum Doppelten einer Zahl x, so erhält man 39. Wie groß ist x?

/ 3

b) Zählt man zum Dreifachen einer natürlichen Zahl x das Doppelte der Zahl x hinzu, so erhält man 340. Wie lautet die Zahl?

/ 2

3. a) Welche natürlichen Zahlen erfüllen beide Ungleichungen? Schreibe diese Zahlen als Menge an!

$7 < a,\ 13 \geq a$: A = {__________

$15 < b,\ 3 > b$: B = {__________

/ 2

b) Gib die folgende Menge im aufzählenden Verfahren an!

$C = \{x \in \mathbb{N}_u \mid 14 \leq x < 29\}$ C = {__________

c) Gib die folgende Menge im beschreibenden Verfahren an! / 2

D = {6, 8, 10, 12, 14, 16, 18} D = {______

d) Folgende (durch ihre Katalognummern angeführten) SchülerInnen und Schüler einer Klasse üben die angegebenen Sportarten aus: / 8

Fußball: F = {2, 3, 4, 5, 7, 17, 18}
Volleyball: V = {2, 4, 7, 12, 17, 24}
Badminton: B = {4, 7, 17, 18, 26}

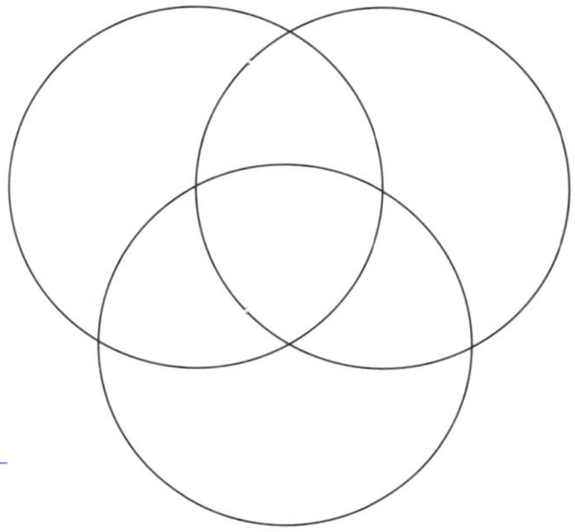

Bilde die Menge aller jener SchülerInnen und Schüler, die folgende Sportarten ausüben und vervollständige das Mengenbild! Gib auch die genauen Bezeichnungen der Mengen an, wie zB $F \cup V$!

1) Fußball und Volleyball:

______

2) Badminton und Volleyball:

______

3) Fußball oder Badminton oder beides:

______

4) Fußball, aber nicht Volleyball:

______

5) jede der drei Sportarten:

______

4. a) Zeichne durch jeden dieser drei Punkte die Parallele und die Normale zur gegebenen Geraden! / 3

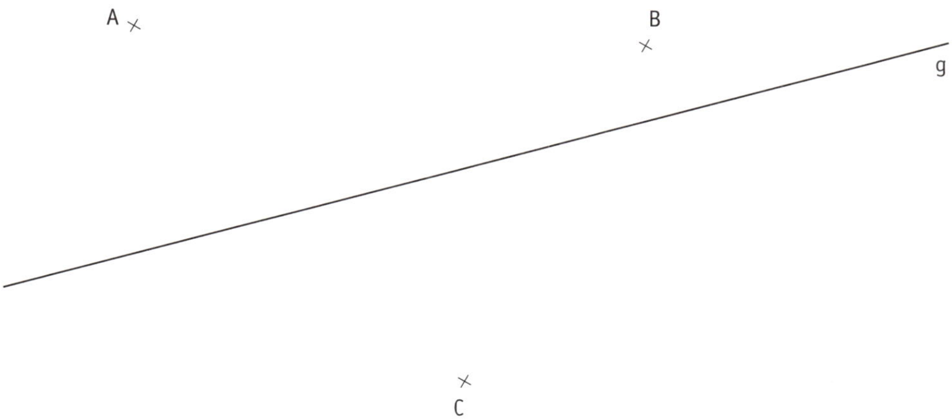

b) Gib den Normalabstand des Punktes A von der oben gegebenen Geraden an! / 1

$\overline{Ag}$ = ______

/ 2

5. a) Gib die Art und die Größe des Winkels an, den folgende Himmelsrichtungen miteinander einschließen: N – SW (über O)!

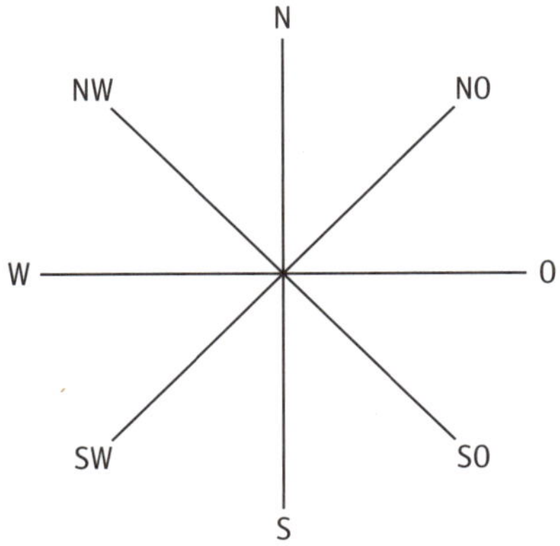

Art des Winkels: ______________________________

Größe des Winkels: ______________________________

/ 8

b) Zeichne die Winkel der gegebenen Größen! Gib die Winkelart an! Achte auf Genauigkeit! Vergiss den Winkelbogen nicht!

233°

303°

48°

127°

/ 48

Schularbeit 6

Testdauer: 50 min

Stoffgebiete: Gleichungen, Ungleichungen, Addieren/Subtrahieren/Multiplizieren natürlicher Zahlen, Winkel

1. a) Löse folgende zwei Gleichungen! /7

$2 \cdot a - 23 = 27$

$32 = 92 - 5 \cdot x$

b) Schreibe den Text in Form einer Gleichung und löse diese: Wenn man zu einer Zahl die beiden Nachbarn addiert, erhält man 252. Wie heißt die Zahl? /4

2. a) Berechne die Summe auf vorteilhafte Weise durch Bilden von Teilsummen! /3

$14 + 83 + 29 + 37 + 41 + 66 =$

b) Berechne unter Verwendung der Klammerregel! /3

$798 - 512 - 185 - 56 =$

c) Berechne durch Bilden von Teilsummen! /5

$13\,428 - 7\,374 + 31\,724 - 25\,114 + 8\,490 - 15\,722 =$

/ 3

d) Berechne:
(8 984 – 988) – (4 807 – 2 340) =

/ 1

3. a) Wie ändert sich die Differenz zweier Zahlen, wenn der Subtrahend um 10 vergrößert wird?

/ 4

b) Die Differenz zweier Zahlen ist 6 972. Der Minuend ist 30 391. Schreibe die Angabe in Form einer Gleichung an! Führe die Rechnung durch und gib eine Antwort! Wie groß ist der Subtrahend?

4. Ein Konzertsaal fasst 2 000 Personen, davon gibt es 800 Stehplätze. Bei einem POP-Konzert werden folgende Stehplatzkarten verkauft: für Erwachsene 123 Stück zu je 79 €, für Jugendliche 73 Stück zu je 59 €, für Kinder 21 Stück zu je 39 €. Darüber hinaus werden 997 Sitzplatzkarten zu je 129 € verkauft.

/ 6

a) Wie groß ist die Gesamteinnahme?

b) Wie viele **1)** Stehplatzkarten, **2)** Sitzplatzkarten sind nicht verkauft worden?

/ 6

5. Zeichne einen Winkel $\alpha = 215°$! Gib die Winkelart an! Zeichne anschließend auf den vorgegebenen Schenkel eine Normale!

/ 6

Winkelart: ______________________________

/ 48

Testdauer: 50 min

Schularbeit 7

Stoffgebiete: Rechnen mit natürlichen Zahlen, Dezimalzahlen, Rechteck und Quadrat, Kreis

/ 4

1. a) Schreibe die Angabe in Form einer Gleichung! Löse die Gleichung! Gib eine Antwort!
Das 8-fache einer Zahl ist um 26 kleiner als 450. Wie heißt die Zahl?

/ 7

b) Berechne: (9 943 – 1 809 : 27 + 26 · 48) · (116 : 29 + 8) =

/ 4

c) Ein Geschäft bietet eine Digitalkamera zu 595 € an. Im Ausverkauf wird ein Fünftel dieses Betrages nachgelassen. Wie groß ist der Preisnachlass? Wie groß ist der zu zahlende Betrag? (Gib zwei Antworten!)

2. a) Wandle um und runde anschließend auf die angegebene Einheit! /7

3,6 km = ______ m ≈ ______ km

3 040 m = ______ km ≈ ______ km

9,4 kg = ______ dag ≈ ______ kg

2,06 g = ______ mg ≈ ______ dg

10,3 mm = ______ dm ≈ ______ mm

4,09 dag = ______ dg ≈ ______ dag

40 mg = ______ dag ≈ ______ dag

b) Schreibe mehrnamig an! /4

0,673 kg = ______

673 dg = ______

8,76005 km = ______

53,76 € = ______

3. Gegeben sind die Seitenlängen a und b eines Rechtecks mit a = 3 m 4 cm und b = 7 dm 8 cm. Berechne die Seitenlänge s eines Quadrats, das den gleichen Umfang hat. Schreibe in Form einer Gleichung an! Gib den Umfang mehrnamig an! /8

/ 6

4. a) Konstruiere einen Kreissektor! Miss die Größe des zugehörigen Zentriwinkels α! Ermittle den Abstand a des Kreismittelpunkts von der gegebenen Kreissehne!

r = 36 mm $\alpha \approx$ ____________

s = 6 cm a ≈ ____________

×
M

/ 8

b) Zeichne zwei Kreise k_1, k_2 mit den Radien 39 mm und 14 mm, wobei der größere Kreis vom kleineren von innen berührt wird! Zeichne dann jenen Kreis k, der den größeren von innen und den kleineren von außen berührt und seinen Mittelpunkt auf der Zentrale der gegebenen Kreise hat! Gib den Radius dieses Kreises an!

$\overline{M_1M_2}$ = ____________ r = ____________

×
M_1

/ 48

Schularbeit 8

Testdauer: 50 min

Stoffgebiete: Rechnen mit natürlichen Zahlen, Dezimalzahlen, Rechteck und Quadrat, Kreis

1. Dividiere, überschlage und mache die Probe: 2 054 675 : 413 =

/ 6

2. 3 700 Semmeln sollen in Netze zu je 15 Stück verpackt werden. Wie viele Netze werden benötigt? Wie viele Semmeln bleiben übrig?

/ 3

3. a) Berechne!

(857 – 17 · 8) : 7 + 1 843 : 19 =

/ 5

b) Rechne vorteilhaft!

842 · 15 + 341 · 15 – 249 · 15 – 644 · 15 =

/ 3

/ 4

c) Wandle in die gegebene Einheit um!

0,6 km = ______________ m

40 m = ______________ km

0,4 kg = ______________ dag

2,06 g = ______________ mg

/ 3

d) Schreibe mehrnamig an!

0,673 kg = ______________

4,802 dag = ______________

8,76005 km = ______________

/ 8

4. Von einem Rechteck sind der Flächeninhalt A = 2 ha 2 a 44 m^2 und die Länge der Seite b = 241 m gegeben. Berechne die Länge der Seite a und den Umfang u.

5. Konstruiere ein 65 mm langes und 4,3 cm breites Rechteck ABCD! Ziehe durch den Eckpunkt C die Parallele p zur Diagonalen BD! Ermittle die Abstände der Punkte A, B und D von dieser Parallelen!

/ 8

$\overline{Ap} \approx$ ______________ cm $\overline{Bp} \approx$ ______________ cm $\overline{Dp} \approx$ ______________ cm

6. Zeichne zwei Kreise k_1, k_2 mit den Radien 28 mm und 42 mm! Wähle ihren Zentralabstand so, dass die beiden Kreise einander von außen berühren! Gib den Zentralabstand an!

/ 8

× M_1

$\overline{M_1M_2} =$ ______________ mm

/ 48

Testdauer:
50 min

Schularbeit 9

Stoffgebiete: Rechnen mit Dezimalzahlen, Rechteck und Quadrat, Maßstäbliches Zeichnen, Zeitmessung, Quader und Würfel – Oberfläche und Rauminhalt

/ 8

1. a) Drücke vor dem Rechnen alle Angaben in der größten vorkommenden Einheit aus! Führe dann die Rechnung durch und schreibe die Ergebnisse mehrnamig an!

2 kg 3 g – 80 dag 6 g – 28 g + 34 kg 32 dag 7 g + 68 dag 9 g =

/ 5

b) Berechne!

$13{,}66 + 9{,}0045 : (0{,}723 - 0{,}03 \cdot 1{,}6) =$

2. Berechne die Fahrzeit des Zuges, der abends um 21.42 Uhr abfährt und um 9.58 Uhr morgens ankommt. (Antwort!)

/ 4

3. a) Gegeben ist ein Quadrat mit Umfang u = 540 cm. Wie lang muss ein Rechteck sein, dessen Seite a genauso lang ist wie die des Quadrats und dessen Flächeninhalt A = 9 990 cm^2 beträgt?

/ 6

b) Berechne die Oberfläche und das Volumen des Quaders mit den Längen a = 94 cm, b = 5,1 dm, c = 1,04 m. (Gib beide Ergebnisse mehrnamig an!)

/ 9

/ 5

4. a) Eine rechteckige Lagerhalle hat 15 000 m^2 Grundfläche. In einer Zeichnung im Maßstab 1 : 1 000 beträgt seine Länge 20 cm. Wie lang und wie breit ist die Lagerhalle in der Wirklichkeit?

/ 11

b) Die Wände und die Decke eines 6,30 m langen, 4,20 m breiten und 2,60 m hohen Zimmers werden ausgemalt. Wie viel m^2 sind auszumalen, wenn eine Tür (2,10 m x 0,80 m) und zwei Fenster (je 110 cm x 85 cm) zu berücksichtigen sind?

/ 48

Schularbeit 10

Testdauer: 50 min

Stoffgebiete: Dezimalzahlen, Rechnen mit Dezimalzahlen, Maßstäbliches Zeichnen, Rechteck und Quadrat (Umfang und Flächeninhalt), Quader und Würfel (Oberfläche und Rauminhalt)

1. Drücke vor dem Rechnen alle Angaben in der größten vorkommenden Einheit aus! Führe dann die Rechnung durch und schreibe die Ergebnisse mehrnamig an!

a) 7 g 9 dg + 68 cg =

/ 3

b) 1 km 5 m – 234 m – 0,42 km =

/ 4

c) 21 € 83 c – 5 € 46 c · 4 + 34,6815 € : 3,15 =

/ 4

2. Berechne!

a) 21,25 + 2,19 : (0,296 – 0,02 · 2,3) =

/ 4

b) (325,404 + 322,0705) : (30,57 – 2,48) =

/ 3

/ 4

3. a) Zeichne das dargestellte Grundstück im Maßstab 1 : 250 (Maße in m)! Beschrifte alle Längen mit den Maßen im Plan!

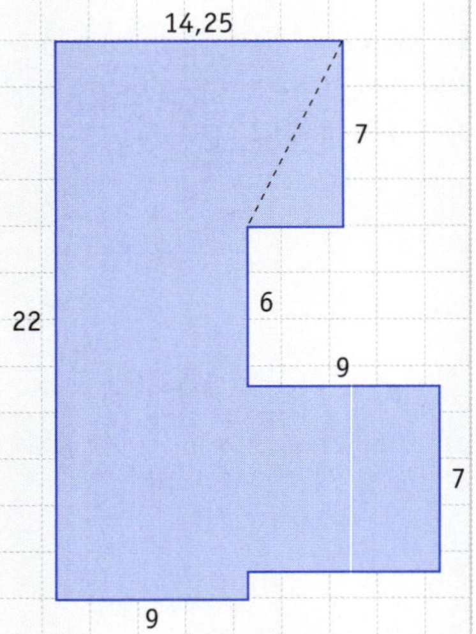

/ 4

b) Berechne Umfang und Flächeninhalt des Grundstücks!

/ 4

c) Wie lang ist die strichliert gezeichnete Strecke in Wirklichkeit?

4. Gegeben ist ein Quadrat mit Umfang u = 112,36 m. Wie lang muss ein Rechteck sein, dessen Seite a genauso lang ist wie die des Quadrats und dessen Flächeninhalt A = 508,429 m^2 beträgt?

/ 6

5. Berechne die Oberfläche und das Volumen des Quaders mit den gegebenen Längen:
a = 76 cm; b = 8,7 dm; c = 0,9 m! Gib die Ergebnisse mehrnamig an!

/ 12

/ 48

Testdauer: 50 min

Schularbeit 11

Stoffgebiete: Rechnen mit Dezimalzahlen, Zeitdauer/Zeitpunkt, Maßstäbliches Zeichnen, Rechteck und Quadrat (Umfang und Flächeninhalt)

/ 3

1. a) Mit welcher Zahl wurde multipliziert?

0,097 · ____________ = 9 700

570 · ____________ = 0,57

0,312 · ____________ = 0,00312

/ 3

b) Durch welche Zahl wurde dividiert?

8,506 : ____________ = 85 060

0,0569 : ____________ = 5,69

82,7 : ____________ = 0,0827

/ 7

2. Berechne!

46,1916 – 14,04535 · (1,05 : 0,5 – 8,5 : 85) =

/ 9

3. Berechne die fehlenden Größen!

	a)	b)	c)
Abfahrt	20.45 Uhr		21.48 Uhr
Ankunft	6.03 Uhr	7.32 Uhr	
Fahrzeit		10 h 39 min	8 h 55 min

4. Gegeben sind zwei Rechtecke, die den gleichen Flächeninhalt haben.

1. Rechteck: $u_1 = 80{,}4$ m
$a_1 = 36$ m

2. Rechteck: $b_2 = 28$ m

a) Berechne die Breite b_1 und den Flächeninhalt A_1 des 1. Rechtecks!
Gib eine Formel für die Berechnung der Breite des 1. Rechtecks an!

/ 6

b) Berechne die Länge a_2 und den Umfang u_2 des 2. Rechtecks!
Gib eine Formel für die Berechnung der Länge des 2. Rechtecks an!

/ 6

c) Welche Eigenschaften haben die Diagonalen eines Quadrats?

/ 3

/ 11

5. Zeichne den Plan eines 290 m langen und 130 m breiten rechteckigen Grundstücks im Maßstab 1 : 2 500. Gib die Längen der Diagonalen in der Wirklichkeit an!

/ 48

BILDUNGSSTANDARDS

Ab 2012 gibt es in Österreich für die 4. Klasse (8. Schulstufe) regelmäßig stattfindende, gesetzlich verankerte Standardüberprüfungen. Die folgenden Aufgaben sollen dir zeigen, auf welche Art und Weise dir in der 4. Klasse (8. Schulstufe) Fragen gestellt werden. Meist musst du nur wenig berechnen, sondern „nur" die richtige Antwort ankreuzen! Aber Achtung! Gut Nachdenken! Es können auch mehrere Antworten richtig sein!
Die Aufgaben sind nach den vier Inhaltsbereichen in Kapitel gegliedert und den jeweiligen Handlungs- und Komplexitätsbereichen zugeordnet.

Inhaltsdimension (mathematischer Inhalt):
I1 Zahlen und Maße
I2 Variable, funktionale Abhängigkeiten
I3 Geometrische Figuren und Körper
I4 Statistische Darstellungen und Kenngrößen

Handlungsdimension (mathematische Handlung):
H1 Darstellen, Modellbilden
H2 Rechnen, Operieren
H3 Interpretieren
H4 Argumentieren, Begründen

Komplexitätsdimension (Komplexität):
K1 Einsetzen von Grundkenntnissen und Grundfertigkeiten
K2 Herstellen von Verbindungen
K3 Einsetzen von Reflexionswissen, Reflektieren

H1 K1

1. Zahlenstrahl

Aufgabe: Kennzeichne die Punkte der Zahlen 380, 395, 400, 410, 440, 445, 460 und 470 am Ausschnitt des Zahlenstrahls, sodass alle Zahlen Platz haben!

Lösung:

H1 K1

2. Durchschnitts- und Vereinigungsmenge

A = {1, 3, 4, 9, 12, 15, 21}

B = {2, 4, 5, 6, 10, 12, 15, 18}

Aufgabe: Gib die Mengen $A \cap B$ und $A \cup B$ im aufzählenden Verfahren an! Trage anschließend die Zahlen im Mengenbild ein!

Lösung:

$A \cap B$ = ______________________________

$A \cup B$ = ______________________________

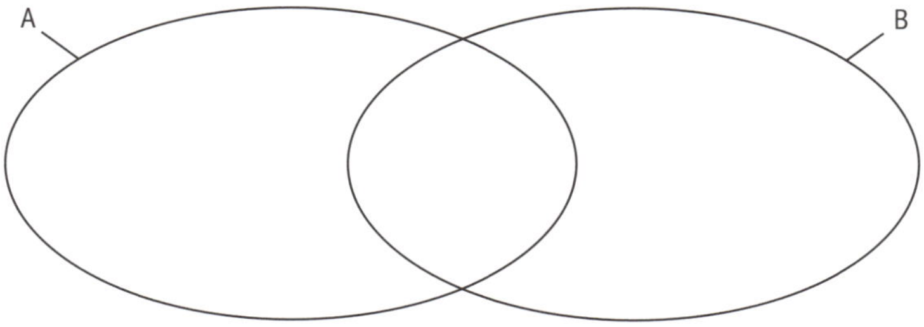

H2 K2

3. Zahlenmengen

Aufgabe: Kreuze an, welche Aussagen wahr sind!

Lösung:

- {1, 2, 3, 4, 5} = {1, 2, 3} ❑
- {1, 2, 3, 4, 5} = {5, 4, 3, 2, 1} ❑
- {1, 2, 3, 4, 5} = {5, 3, 1, 4, 2} ❑
- {1, 2, 3, 4, 5} = {1} $\cup$ {2, 3} $\cup$ {4, 5} ❑

4. Berechnen und Ordnen

H2 K2

58 + 64 19 · 5 87 – 73 85 · 2 294 : 3 154 – 78

Aufgabe: Ordne die Ergebnisse der Größe nach und schreibe sie als Ungleichungskette an!

Lösung:

5. Taschengeld

H2 K2

Mira bekommt monatlich 15 € Taschengeld. Die Hälfte des Geldes legt sie auf ein Sparbuch. Von der zweiten Hälfte verwendet sie zwei Drittel für Schreibwaren und den Rest für Süßigkeiten.

Aufgabe: Wie viel Euro hat Mira für Süßigkeiten über?

Lösung:

6. Rechenanweisung

H2 K2

Multipliziere die Summe der Zahlen 483 und 194 mit der Differenz der Zahlen 517 und 479!

Aufgabe: Schreibe die Rechenanweisung mit Hilfe von Klammern an und berechne das Ergebnis!

Lösung:

H2 K3

7. Würfel

Bei einem Spiel verwendet man drei Würfel und sollte die Augensumme 10 würfeln.

Aufgabe: Schreibe alle Möglichkeiten an, die Augensumme 10 zu würfeln! Wie viele Möglichkeiten gibt es?

Lösung:

H3 K1

8. Ungleichungen

1) Im Kühlschrank sind maximal 10 Eier.

2) Bei mindestens 10 Anmeldungen findet der Tanzkurs statt.

3) Ein guter Taschenrechner kostet mehr als 10 €.

4) Es dürfen nur Kinder unter 10 Jahren am Kindertraining teilnehmen.

A $x > 10$ **B** $x \geq 10$ **C** $x < 10$ **D** $x \leq 10$

Aufgabe: Welche Ungleichung passt zu welchem Text?

Lösung: **1)** ____________

2) ____________

3) ____________

4) ____________

9. Runden von Zahlen

H3 K1

Die folgenden Zahlen sind auf Tausender gerundet worden. Leider haben sich ein paar Fehler eingeschlichen!

Aufgabe: Gib an, ob richtig gerundet wurde bzw. falls nicht, welcher Fehler passiert ist.

Lösung:

980 ≈ 1 000 ______

10 587 ≈ 11 000 ______

5 490 ≈ 5 500 ______

198 735 ≈ 199 000 ______

99 009 ≈ 99 100 ______

609 000 ≈ 610 000 ______

10. Die Dezimalzahlen

H3 K1

Laura hat bei ihrer Hausübung vergessen, einige Kommas zu setzen.

Aufgabe: Setze die fehlenden Kommas ein!

Lösung:

2 1 6 4 + 3 6,0 2 = 3 8 1 8 4

2 5 1 9 + 1 3 4 9 = 1 6 0,0 9

9,2 3 4 + 9 2 3 4 = 1 0 1 5 7 4

11. Grundrechnungsarten

H3 K2

Aufgabe: Vervollständige folgende Sätze!

Lösung:

Wenn man in einer Summe beide Summanden um 2 vermindert, dann ______ sich der Wert der Summe um ______.

Wenn man in einer Differenz den Minuenden und den Subtrahenden um 2 vermehrt, dann ______ sich der Wert der Differenz ______.

Wenn man in einem Produkt beide Faktoren verdoppelt, dann ______ sich der Wert des Produkts.

Wenn man in einem Produkt einen Faktor halbiert, dann ______ sich der Wert des Produkts.

Wenn man bei einer Division den Dividenden mit 3 multipliziert, dann ______ sich der Wert des Quotienten.

Wenn man bei einer Division den Divisor mit 3 multipliziert, dann ______ sich der Wert des Quotienten.

H3 K2

12. Bruchrechnen

Aufgabe: Kreuze jeweils an, welche Aufgaben zum Bild passen!

Lösung:

a)

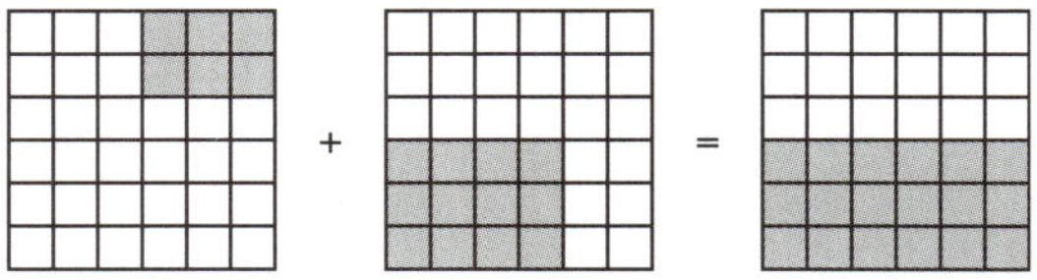

$\frac{6}{36} + \frac{12}{36} = \frac{18}{36}$ ☐

$\frac{1}{6} + \frac{1}{3} = \frac{1}{2}$ ☐

$\frac{3}{18} + \frac{6}{18} = \frac{1}{3}$ ☐

b)

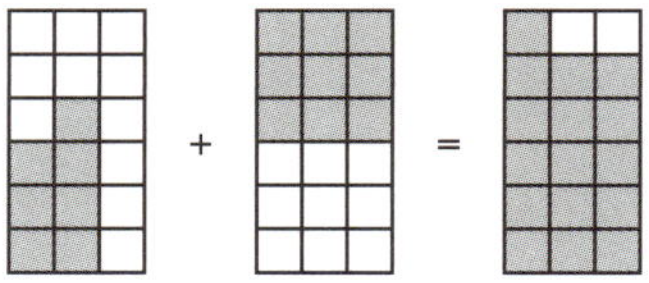

$\frac{7}{9} + \frac{1}{9} = \frac{8}{9}$ ☐

$\frac{7}{18} + \frac{1}{2} = \frac{8}{9}$ ☐

$\frac{7}{18} + \frac{9}{18} = \frac{16}{18}$ ☐

H3 K3

13. Größe der Staaten

Judith entnimmt ihrem Atlas die Größen unten stehender Staaten und behauptet, dass diese Staaten alle ungefähr gleich groß sind!

Aufgabe: Auf welche dekadische Einheit hat Judith gerundet?
Runde auf die nächstkleinere dekadische Einheit! Gilt Judiths Behauptung noch immer?

Lösung:

Judith hat auf ____________________ gerundet.

Schweden	449 964 km²	≈	__________________
Usbekistan	447 400 km²	≈	__________________
Irak	438 317 km²	≈	__________________
Paraguay	406 752 km²	≈	__________________
Simbabwe	390 757 km²	≈	__________________
Japan	377 837 km²	≈	__________________
Deutschland	357 104 km²	≈	__________________

Judiths Behauptung ____

14. Flug nach London

H4 K1

Stefanie möchte nach London fliegen, um sich um 20 Uhr ein Musical anzusehen. Nach Londoner Zeit (WEZ) ist es im Vergleich zur österreichischen Zeitzone (MEZ) um eine Stunde früher. Sie bucht einen Flug von Wien um 17.35 Uhr. Die Flugzeit beträgt 2 h 25 min. In London muss Stefanie vom Flughafen zum Theater mit einer Fahrzeit von 50 min rechnen.

Aufgabe: Kommt Stefanie rechtzeitig zu ihrer Musicalaufführung?

Lösung:

15. Vorgänger und Nachfolger

H4 K2

Addiert man den Vorgänger einer Zahl x zum Nachfolger dieser Zahl x, so erhält man 46. Jeannine löst die Aufgabe und bemerkt, dass die gesuchte Zahl x genau die Hälfte von 46 ist.

Aufgabe: Gilt es auch bei anderen Zahlen, dass die Summe von Vorgänger und Nachfolger einer Zahl das Doppelte der Zahl ergibt? Warum?

Lösung:

16. Ungleichung

H4 K3

Gegeben ist die Ungleichung $x + 15 \leq 28$. Eva, Simon und Sophie sollen jeweils einen passenden Text zur Ungleichung erfinden.

Aufgabe: Kreuze an, welcher Text zur Ungleichung passt!

Lösung:

		richtig	nicht richtig
Eva:	Die Zahl x ist um 15 größer, aber kleiner oder gleich 28.	❑	❑
Simon:	Wenn ich zur Zahl x 15 addiere, so erhalte ich eine Zahl, die kleiner oder gleich 28 ist.	❑	❑
Sophie:	x muss eine Zahl größer oder gleich 13 sein, weil 13 plus 15 gleich 28 ist.	❑	❑

H2 K2

17. Bauer

Ein Bauer besitzt insgesamt 100 Ziegen und Schafe. Wolfgang weiß, dass der Bauer doppelt so viele Schafe wie Ziegen hat. Er versucht den Sachverhalt in Gleichungen darzustellen. Er schreibt s für die Anzahl der Schafe und z für die Anzahl der Ziegen.

Aufgabe: Kreuze an, welche von Wolfgangs Gleichungen auf diesen Bauer zutreffen!

Lösung:

$2 \cdot s = z$	❑	$2 \cdot z = s$	❑
$z + s = 100$	❑	$z - s = 100$	❑
$s : 2 = z$	❑	$z : 2 = s$	❑
$100 - s = z$	❑	$100 - z = s$	❑

H3 K1

18. Lolli

Max möchte sich drei Lollis kaufen. Es gibt welche um 0,80 €, 0,90 € und um 1,10 €.

Aufgabe: Wie viel Euro muss Max mindestens ausgeben, wie viel maximal?

Lösung:

Max muss mindestens ____________ € und maximal ____________ € bezahlen.

H4 K2

19. Gleichung

Gegeben ist die Gleichung $3 \cdot x - 5 = 13$. Schüler sollen zur Gleichung passende Texte aufschreiben.

Aufgabe: Kreuze an, welche Texte zur Gleichung passen! Gib bei den falschen Texten an, was falsch gemacht wurde!

Lösung:

		richtig	nicht richtig
A	Das Dreifache einer Zahl x vermindert um 5 ergibt 13.	❑	❑
B	Gesucht ist eine Zahl, deren Dreifaches um fünf größer als 13 ist.	❑	❑
C	Die Differenz zweier Zahlen ist 13. Der Subtrahend ist 5, der Minuend das Dreifache der gesuchten Zahl.	❑	❑
D	Susi kauft um 5 € Schreibwaren. Wie viele Schreibblöcke um 3 € kann sie noch kaufen, wenn sie am Schluss noch 13 € haben soll?	❑	❑
E	Herbert kauft sich 3 T-Shirts um je x €. Er bekommt 5 € Rabatt und zahlt daher an der Kasse 13 €. Wie viel Euro kostet ein T-Shirt vor Abzug des Rabatts?	❑	❑

20. Symmetrie

H2 K1

Aufgabe: Konstruiere zu jedem der drei Punkte A, B und C den zur Geraden g symmetrisch liegenden Punkt und gib den jeweiligen Abstand von der Geraden g an!

Lösung:

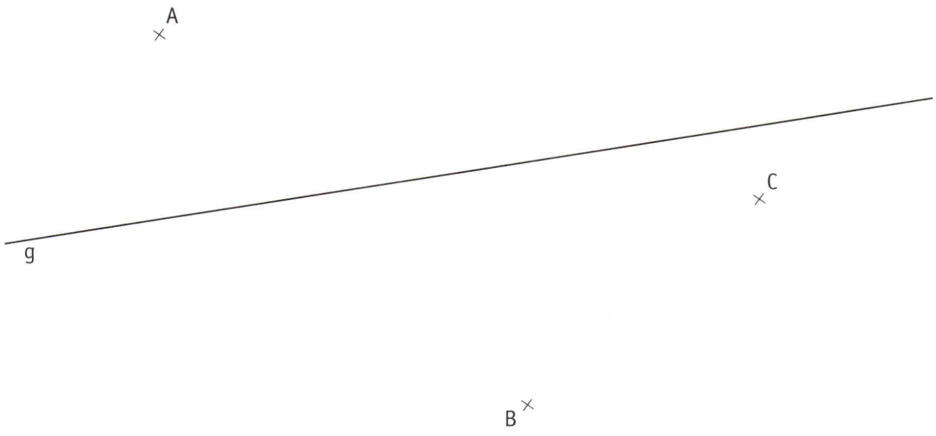

$\overline{Ag}$ = ______________ $\overline{Bg}$ = ______________ $\overline{Cg}$ = ______________

21. Kreis

H2 K2

Aufgabe: Konstruiere jene zwei Kreise mit dem Radius 2,5 cm, die die Gerade g als Zentrale haben und sich in B berühren!

Lösung:

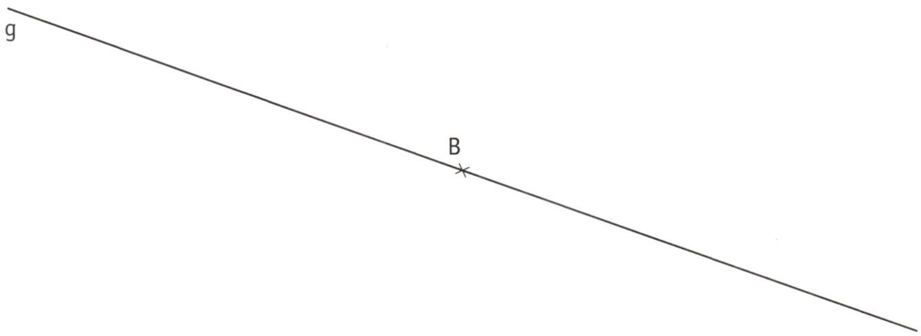

H2 K2

22. Schachtel

Aus einem quadratischen Blatt Papier bastelt Simone eine oben offene Schachtel. Das Blatt Papier wird wie folgt gefaltet und eingeschnitten. Die eingefärbte Fläche ist die Grundfläche der Schachtel. Sie ist 16 cm^2 groß.

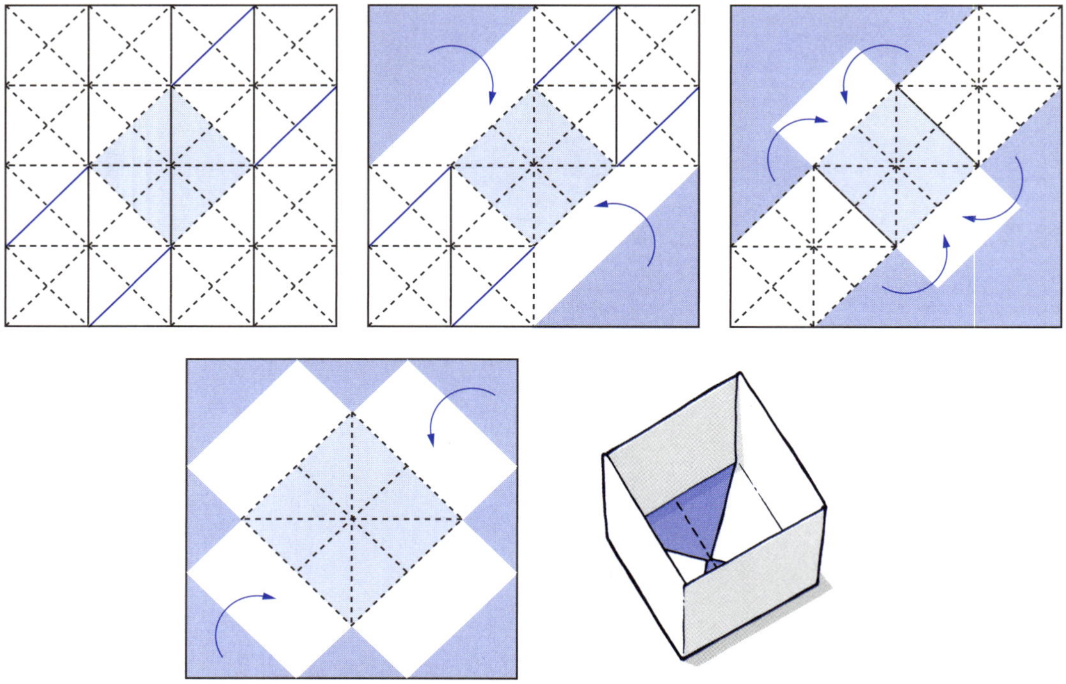

Aufgabe: Gib Länge bzw. Breite und Höhe der Schachtel an! Berechne anschließend Oberfläche und Rauminhalt!

Lösung:

23. Parkanlage

H2 K2

Eine rechteckige Parkanlage ist 6 ha groß. In einem Plan im Maßstab 1 : 5 000 beträgt ihre Länge 10 cm.

Aufgabe: Berechne, wie lang und breit die Parkanlage im Plan und in Wirklichkeit ist!

Lösung:

24. Länger?

H4 K1

Auf welchem Wohnungsplan wäre die Breite eines Zimmers länger? Auf einem Plan im Maßstab 1 : 50 oder auf einem Plan im Maßstab 1 : 100?

Aufgabe: Antworte ohne zu rechnen und gib eine Begründung für deine Antwort an!

Lösung:

25. Tapezieren

H4 K2

Eine 4,84 m lange und 2,69 m hohe Wand soll tapeziert werden. Eine Tapetenrolle ist 65 cm breit und 5 m lang. Roman und Diana streiten darüber, wie viele Rollen sie benötigen. Roman meint, dass 4 Rollen vollkommen ausreichen. Diana besteht aber darauf, dass sie eine fünfte Rolle kaufen.

Aufgabe: Wer von den beiden hat recht? Gib eine Begründung für deine Antwort an!

Lösung:

H4 K3

26. Blumenbeet

Jonah legt ein 23 dm breites und 414 dm^2 großes Blumenbeet an. Sein großer Bruder Nikolas will ein doppelt so breites und doppelt so großes Beet anlegen.

Aufgabe **a)** Berechne die Länge von Jonahs Blumenbeet.

Lösung:

Aufgabe **b)** Wird das Blumenbeet von Nikolas doppelt so lang sein wie Jonahs? Begründe deine Antwort!

Lösung:

H3 K1

27. Schulerfolgsstatistik

Die Benotung in Österreich erfolgt durch Noten von 1 (Sehr gut) bis 5 (Nicht genügend). Der Durchschnitt $\bar{x}$ aller Noten des Jahreszeugnisses gibt den Schulerfolg an:

- Mit ausgezeichnetem Erfolg bestanden: Bei einem Notenschnitt von maximal 1,5 und nur Sehr gut (1) bis Befriedigend (3) als Noten ($\bar{x} \leq 1{,}5$).
- Mit gutem Erfolg bestanden: Bei einem Notenschnitt von maximal 2,0 und nur Sehr gut (1) bis Befriedigend (3) als Noten ($1{,}5 < \bar{x} \leq 2$).
- Bestanden
- Nicht bestanden: Bei einer oder mehreren mit Nicht genügend beurteilten Teilprüfungen.

Aufgabe **a)** Laurin hat folgendes Zeugnis:

Religion	1	Biologie	2
Deutsch	2	Musikerziehung	1
Englisch	3	Bildnerische Erziehung	1
Geographie und Wirtschaftskunde	1	Werken	1
Mathematik	2	Bewegung und Sport	1

Hat er mit gutem Erfolg die 1. Klasse abgeschlossen?

Lösung **a)**

Aufgabe **b)** Veit ist ein bedeutend besserer Schüler als Laurin:

Religion	1	Biologie	1
Deutsch	1	Musikerziehung	1
Englisch	1	Bildnerische Erziehung	1
Geographie und Wirtschaftskunde	1	Werken	1
Mathematik	1	Bewegung und Sport	4

Warum bekommt er trotzdem keine Auszeichnung?

Lösung **b)**

Aufgabe **c)** In der Graphik ist angegeben, wie viele SchülerInnen und Schüler einer Klasse das Schuljahr mit Ausgezeichnetem Erfolg, Gutem Erfolg, Bestanden oder Nicht bestanden haben.

Lies aus der Graphik ab, wie viele SchülerInnen und Schüler eine Auszeichnung, einen Guten Erfolg, ... hatten und übertrage diese Werte in die Tabelle!

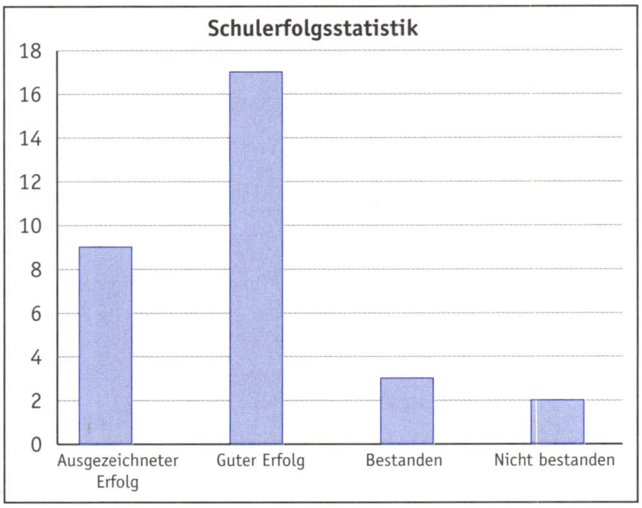

Lösung **c)**

Ausgezeichneter Erfolg	
Guter Erfolg	
Bestanden	
Nicht bestanden	

H3 K2

28. Bäckerei

Im nebenstehenden Streifendiagramm sind die Stückzahlen des verkauften Gebäcks einer Bäckerei innerhalb einer Stunde dargestellt.

Aufgabe **a)** Lies die verkauften Stückzahlen ab und trage sie in der Tabelle ein!

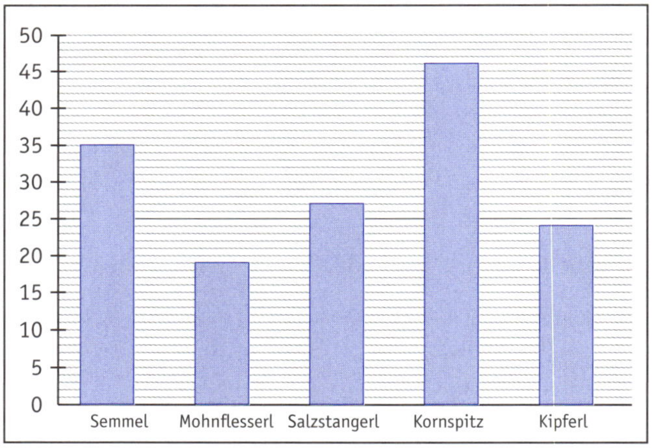

Lösung **a)**

Semmel	
Mohnflesserl	
Salzstangerl	
Kornspitz	
Kipferl	

Aufgabe **b)** Wie viele Semmeln werden mehr verkauft als Salzstangerl?

Lösung **b)**

Aufgabe **c)** Wie viel Gebäck wird im Durchschnitt in einer Minute verkauft?

Lösung **c)**